U0396732

ARCHITECTS' INTERIOR

建筑师的室内设计

陈俊 编

广西师范大学出版社
· 桂林 ·

图书在版编目（CIP）数据

　建筑师的室内设计／陈俊主编.—桂林：广西师范大学出版社，2019.5
　ISBN 978-7-5495-2347-4

Ⅰ.①建… Ⅱ.①陈… Ⅲ.①室内装饰设计 Ⅳ.① TU238.2

　中国版本图书馆 CIP 数据核字 (2019) 第 048908 号

出 品 人：刘广汉
责任编辑：肖　莉
助理编辑：马竹音
版式设计：六　元

广西师范大学出版社出版发行

（广西桂林市五里店路 9 号　　邮政编码：541004）
（网址：http://www.bbtpress.com）

出版人：张艺兵
全国新华书店经销
销售热线：021-65200318　021-31260822-898
恒美印务（广州）有限公司印刷
（广州市南沙区环市大道南路 334 号　邮政编码：511458）
开本：720 mm × 1 000 mm　　1/16
印张：18　　　　　　　　　字数：288 千字
2019 年 5 月第 1 版　　　　　2019 年 5 月第 1 次印刷
定价：98.00 元

如果一个人的身上有了简单、纯粹以及真实这些特质，那他往往是现在这个社会大环境下我们愿意交往的对象。简单和纯粹能传递出玉石般的品质，真实能产生一种符合当代倡导的综合价值体系下的心理回应。而这种交往，就如同去喜欢的空间一样，自在舒适，没有刻意保持的距离感。

建筑师一直是一个较为特殊的群体，会用自己的智慧结合此时此地的各类条件，借着当下的技术，应用当时的美学倡导，通过物理空间构建出心里预设好的一种视觉表达和情愫，其作品就是折射人情风貌、历史潮流等的综合窗口——有城市天际线的形成，有权力意志的象征，有精神诉求演化出的纪念性空间，也有衣食住行的世俗生活多元的展现。他们是城市建设发展的推动者，也是设计思维的承载者和践行者。在这本书里，我看到了建筑师运用属于自己的创新元素和思考所形成的各具特色的作品。

就如我们在日常行走间，在不同阶段欣赏到的不同的风景——山水间积木而成的城市森林、如画般精致的古典小镇、集财富与艺术于一体的繁华都市，以及古韵犹在古迹难寻的老城……都遵循各个时期不同的审美和技术，创造着不同的奇迹，书写着百样的历史传奇。在过去的一百年间，建筑的发展呈一种井喷状态。缓慢走来的古典，被快闪式的现代、后现代、国际主义等流派所覆盖、分流。柯布西耶的新建筑五点、密斯的模数网格、阿尔托的材料生命，还有巴拉甘的建筑宁静，每个人都在用自己的思考深度支撑着自己的观点和价值，实践着一种能够用来朝圣般的真理，为新加入阵营的各类设计师打通、指明多种方向。这种多元共生的态势在当下的社会语境中，变得个性十足、山头林立。

万变不离其宗的空间感受，都具有一种符合场地气氛的完整性、和谐的统一性。不管是大尺度空间的仪式，还是小尺度空间的宜人，末端的细节收口系统、家具、灯具的协调配置，还有那门把手、楼梯扶手间的亲切……空间中每个物件都在表达着建筑师的思考及其愉悦——这是一种能力，同时也是一个项目走到"作品"层面应该具备的条件和基础。

在中国极速发展的这四十年中，我们在行业中看到了很多普遍存在的现象，建筑室内的分离、不同价值理解在一个项目中的叠加，形成内外不一的"表情"。这些有我们教育体制所遗留下来的历史问题，也是市场未成熟所带来的一种状况。所幸的是，这些状况正在发生改变，这本作品集就是近几年这种改变所结出的成果之一。

建筑和室内本就一体两面，一枝二花，能在全流程的设计中掌控好每一个阶段，得到最优的设计成果，让空间成为一种和谐的所在，并体现出一种整体统一的倡导力量，变成了一种基本需要。

建筑师和室内设计师是社会分工过程中的不同称谓。建筑师将生活方式在自我生活中、所设计的项目中落地，同室内设计师让自己从细节中上升到更宏观一些的空间、光以及在地性上来讲一样重要。合二为一是一种期望，是一种趋势，是未来中国设计师的一种必然选择。

广西师范大学出版社所出版的这本书，表达了一种正向的诉求，是一种引导以及推动力量。我从这本书所刊登的作品中看到了设计师和中国这片土地的关系，看到了当下设计的思潮，看到了在设计专业上一种突破的可能性。

琚宾于纽约

2019 年 1 月

与朋友交谈时常遇到一个问题，在表明自己的建筑师身份时，如果对方不是设计圈的，往往会说："啊，就是建筑外观的设计对吧？"对此我只好做点解释："是建筑整体的设计，也包括内部空间……"而对方的反应往往是："哦，所以你们也做室内设计……"我只好回答："嗯……是的，不过有时候也要和室内设计师合作……"

这样的尴尬对话恰恰反映了建筑设计和室内设计之间"暧昧"又相互摩擦的关系。在今天的设计实践和教育中，它们已经被视为相关但分工不同的两个专业。与平面设计、服装设计、工业设计相对清晰的定义不同，建筑设计和室内设计的工作对象都是建筑，而室内设计专注于建筑的内部空间，往往被视为建筑设计在内部更小尺度上的延续，与使用者的切身体验密切相关。建筑师和室内设计师在处理空间尺度、材质以及器具陈设的时候往往表现出不同的意图和敏感度。建筑师担心室内设计师不顾建筑的完整逻辑、破坏空间的单纯；室内设计师觉得建筑师难以把握生活细节和精微尺度，还妄图在室内领域干涉他们的创作自由……

从这类争执中不难发现，人类习惯于在一代代的延伸与更替中遗忘本源。建筑这一古老的行业也是如此。中国传统木构建筑的内外构造体系是连贯的，大木作、小木作更将建筑和室内陈设衔接成一个整体。意大利文艺复兴时期，建筑师常常身兼工程师和艺术家之职，不仅掌控室内，还可能为自己设计的教堂绘制壁画。事实上，自建筑起源到工业革命前的数千年间，建筑在室内外设计上是整体的，两者并没有专业分工，只有一些类似软装顾问的角色。

"建筑"与"室内"真正的分裂始于百余年前的工业革命，尤其是家具器物和室内装饰的产品化。在分裂伊始，室内设计专业尚未成熟，早期现代主义的建筑师们仍然对"整全设计"（total design）保有信仰，冈纳·阿斯普朗德（Gunnar Asplund）、勒·柯布西耶（Le Corbusier）、密斯·凡·德·罗（Mies Van de

Rohe)、阿尔瓦·阿尔托 (Alvar Aalto)、吉奥·庞蒂 (Gio Ponti) 等建筑师的作品在设计上都延伸到了室内甚至家具。然而，随着战后产业分工和批量销售逐渐支配了生产消费模式，建筑内外部件产品被不断细分，建筑师对建筑的全面掌控变得愈加困难，无论是建筑还是室内，大都沦为对现有产品的选择和"组合设计"。而 20 世纪 70 年代以来，建筑保温构造系统的成熟和广泛应用，在技术层面上进一步割裂了建筑室内和室外的设计领域。我们只能在两种极端情况下寻找整全设计的身影：一是产品化相对薄弱的地区，比如斯里兰卡建筑师杰弗里·巴瓦（Geoffrey Bawa）；二是创立自己的产品线，比如上海的如恩设计。

在这一时代背景下，建筑师主动介入并操刀室内设计，试图重执整全设计之牛耳就显得尤为可贵，在实践的层面上，这也是对产品分工割裂整体的一种批判。由于设计上的认知偏差，或者专业教育上的割裂，确实不是所有建筑师都能胜任室内设计的工作，但对建筑室内外设计整体把握的渴望，一定是建筑师的愿景。本书所选择的建筑师室内设计作品就是对这一愿景的呈现。虽然项目的初衷未必是建筑作品的室内延续，不少是在新建筑总量减少、室内改造增多、民宿快速发展等市场条件下涌现的纯室内设计，但从这些作品中，我感受到的仍然是建筑师的理想和责任。他们并不满足于逻辑推衍式的"组合设计"工作，而是通过对原材料的感知和对既有产品的运用，努力生成自己的设计语言，以表达乃至激发空间里的生活事件和愉悦体验。这些建筑师的室内设计实践也因此有了更为内在的意义：首先，建筑师获得了更多与使用者直接沟通的机会。与使用端之间的割裂关系一直是中国当代建筑实践的社会性缺陷，建筑师操刀室内，向室内设计师学习如何在更加贴近身心的尺度上进行设计思考，可以有效地弥补这种缺陷。其次，能够激发建筑师将空间的"内在性"视为思考建筑的重要起点之一，这对习惯于自上而下、从大到小设计模式的建筑师来说无疑是一种矫正和补充。

最后，深度介入室内设计的建筑师有望批判性地传承并更新整全性的建筑观念。在 21 世纪的数字智能时代，建筑的内外统一不再是唯一的金科玉律，多功能和多场景的事件性转换正在成为社会生活对建筑空间的新的、基本的需求。建筑的关键已经转向内容而非形象。换句话说，今天的建筑师无论想延续，还是想推翻先贤们的整体性思维，都需要从室内开始。

祝晓峰

山水秀建筑事务所创始人、主持建筑师

从 2014 年以来，整个建筑设计行业几乎从火热的夏天没有过渡地直接迈进寒冬，几年之后，虽经过 2018 年短暂的复苏，但又重回低谷，传统房地产开发商的项目变少成了建筑设计行业不可回避的现实。在房地产市场最为火爆的年代，建筑师更多地成了"画图的工具"，这对建筑师而言并不是好事，如今当房子不好卖、生意不好做的时候，当传统开发模式变得艰难的时候，当需要更多从使用的角度去创新的时候，设计的价值才被重视，建筑师的作用才有所体现。

与此同时，信息快速升级，传统的商业模式被颠覆，网络自媒体潜移默化地改变了人们的生活、消费习惯。人类的欲望与需求在科技进步的背景下不断被提升、挖掘，多元化的消费体验已日益成为趋势。市场对空间设计和产品的要求亦开始更加多样化，建筑师被需要，并且在项目中的作用变得更加重要的时候，我们认为，建筑师最好的时代到来了。

在这样的时代背景之下，小型项目的开发逐渐成了热潮，文创改造项目、精品民宿、乡创等项目大量涌现。由于大部分项目规模较小、投资有限，或是业主管理团队不够专业，往往需要由一位主创设计师作为设计主导，控制全程，包括建筑、室内、景观、机电设备、照明设计等，而这个角色往往会由建筑师担任。建筑师也往往乐于将一个设计概念完整地贯彻到设计当中。多数建筑师认为，室内设计和建筑设计不应该被生硬地划分为两个部分，建筑设计往往在方案阶段进行空间策划的时候，已经把空间的氛围以及效果都考虑在内。建筑师做设计总控的优势在于两方面：一是知识面较广，各个专业都略懂，善于把控项目全局；另一方面在于，别人看到的是以前和现在，而我们可以看到未来，设计的本质是创造价值。越来越多的建筑师能回归建筑的本源，能够创造出让使用者有共鸣、有独特体验感的建筑空间，为社会留下作品。本书所收录的来自各地的三十余位（组）建筑师的作品亦是其中的一部分代表。

这些由建筑师主导的空间设计相比室内设计师做的空间设计，往往更加关注空间的直接表达，关注使用人与空间的关系，关注空间与自然、外界环境之间的关系，关注材料、空间建造的合理性与经济性等。建筑师在营造某个空间的时候，往往愿意真诚地表现材料与建造的逻辑，甚至有时候会让主体材料成为内部空间质感表达的主要形式语言，尽量减少不必要的装饰。或许这些表达习惯的不同来源于建筑师与室内设计师教育背景的不同，这是从读书时逐渐形成的设计习惯与思维之间的差异。又或许是执着于建筑师所熟知的阿道夫·路斯提出的"多余的即是装饰""做一条线的装饰都是罪恶"之类的信条。建筑师关注了空间本身，却可能忽略更加细腻的生活质感，忽略了装饰对空间氛围的调节作用，生活中多一点儿细腻、温暖应该是好事，建筑师在这些方面是需要多向室内设计师学习的。总的来说，建筑师参与到室内空间的创作中，保持了某种以空间讨论为直接切入点的创作观念，与某些单纯以装饰为切入点的室内设计有所区别，使得室内空间创作呈现出更多元化的可能性，对于设计市场而言是好事。

陈 俊

IDO 元象建筑合伙人、主持建筑师

第一章 建筑师的创造

空间与生活的响应　　003
本埠设计 / 蔡嘉豪建筑师事务所 /
蔡嘉豪

内外兼顾，设计更饱满　　011
边界实验建筑工作室 /
黄智武

不局限于材料原本的属性　　019
平介设计 /
苏雅婷、杨楠

由大到小，由主题发展设计　　025
上海有寻建筑设计事务所 /
汪 琳

空间的形状、光影、触感　　033
Design Poche/
傅钰涵

第二章 建筑师的态度

多向优秀的室内设计师学习　　043
IDO 元象建筑 /
陈 俊

建筑师要多了解材料　　053
久舍营造工作室 /
范久江

在室内设计中建立一种
"互文"的关系　　063
一本造建筑设计工作室 /
李 豪

建筑师做室内设计 = "杀鸡用牛刀"
　　075
戴璞建筑事务所 /
戴 璞

建筑师的室内设计更干脆　　085
上海米丈建筑设计事务所 /
卢志刚

我们的设计理念是"人间设计"
　　093
上海华都建筑规划设计有限公司 /
张海翔

目　　录

第三章
建 筑 师 眼 中 的 未 来

有些建筑师不适合做室内设计　105
B.L.U.E. 建筑设计事务所 /
青山周平（日本）

室内设计大有可为　　　　　　119
普罗建筑工作室 /
李汶翰

设计内容的边界将会更模糊　127
立木设计研究室 /
刘津瑞

不要纠结身份定义　　　　　135
建筑营设计工作室 /
韩文强

建筑师应该更注重时间线　143
堤由匡建筑设计工作室 /
堤由匡（日本）

第四章
海 外 事 务 所 带 给
我 们 的 启 发

把建筑和室内空间看作一个整体
　　　　　　　　　　　　153
UNStudio/
UNStudio 团队（荷兰）

任何空间都是方案要求的一部分
　　　　　　　　　　　　161
ennead architects LLP/
彼得·舒伯特（美国）

我们是设计思考者　　　169
brg3 architects 事务所 /
詹森·杰克逊（美国）

我们的员工没有室内设计师　177
Holst Architecture 事务所 /
瑞秋·布兰德（美国）

设计的第一步是用图形表达
设计主旨　　　　　　　183
TACKarchitects 事务所 /
杰夫·多尔扎尔（美国）

室内设计无关于装饰　191
KUBE Architecture 事务所 /
理查德·鲁斯勒·奥尔特加 RA（美国）

建筑师需要设计室内空间　　199
m3architecture 事务所 /
迈克尔·莱弗里（澳大利亚）

室内设计有自身的规范和专长　207
MKCA 事务所 /
迈克尔·K. 陈（美国）

设计师只有出色和差劲之分　　215
Paolo Balzanelli//Arkispazio 事务所 /
保罗·巴尔扎内利（意大利）

密切关注空间的使用者　　223
APPAREIL architecture 事务所 /
吉姆·帕里苏（加拿大）

"私密空间"和"贴心感受"　229
RESOLUTION: 4 ARCHITECTURE
事务所 /
约瑟夫·唐尼（美国）

小细节可以定义空间的特征　　235
Ramón Esteve 工作室 /
拉蒙·埃斯特韦（西班牙）

抓住各种机会进行空间设计　　243
ZOOCO ESTUDIO 工作室 /
米格尔·克雷斯波·皮科特、
哈维尔·古斯曼·贝尼托、
西斯托·马丁·马尔蒂内斯（西班牙）

室内设计在建筑实践中的进化　249
Smith Vigeant 建筑公司 /
丹尼尔·史密斯、
斯蒂芬·维热昂（加拿大）

用系统化方法考虑客户的诉求　259
Tsou Arquitectos 事务所 /
蒂亚戈·圣·西芒·朱（葡萄牙）

室内设计可以起到衬托建筑设计的
作用　　265
Bijl Architecture 事务所 /
梅隆尼·贝尔 - 史密斯（澳大利亚）

第　一　章

建　筑　师　的　创　造

本埠设计 | 蔡嘉豪建筑师事务所 /
蔡嘉豪

　　本埠建筑 | 蔡嘉豪建筑师事务所致力于以不同材料及空间拼凑出全新的生活场景及建筑空间，改变人在空间中的状态。同时重视建筑中承载的许多具有时间意义的空间架构，及其生活样貌的特性氛围，并且思考建筑初始之美，藉由"整理"来重现老房子，为创意提供新的空间想象。以缝补接口的态度与视角着手景观、建筑、室内、展场设计，针对不同类型与规模的案件，深入挖掘其需求内部本质与基地外部状况，找寻最适合的形式与材料响应其生活最大可能。透过保持平衡的整合与细致的琢磨，企图追求具有内敛深化之概念和流畅感知之空间体验。

建筑师的经历可以让室内创作表达更多构筑上的细节与设计细部，有更多空间与生活的响应，跳脱非单纯质感的追求。

1. 公司从什么时候开始做室内设计项目（包括连同建筑一起做的室内项目）？
目前为止一共做了多少个？

        大概从公司创立开始就已经有了室内设计项目。目前一共有 12 个。

2. 您做的第一个室内项目是什么？ 什么时间做的？ 完成情况如何？

        我于 2010 年在个人工作室内完成了自己的第一个室内作品，是一间动物医院——以曲面流动的概念反转医院冰冷的印象，契合动物活泼的空间感。

        因为是早期完成的作品，虽然某些设计细节略显生涩，但基本空间感仍然具备，并且更多地关注了专业使用空间与医疗设备的关系，多年后医院的医师回复非常开心。

3. 您是在什么情况下接到第一个项目的？

        第一个项目的业主是朋友的姐姐，是一位女医师，当时是初次独立执业，她的梦想是帮助小动物，将动物与主人视为生活中彼此重要的依靠，我们也因此被打动，想与她一起创造一个有趣的场所。

4. 您最喜欢的室内项目是哪一个？

        目前是"双墙"这个项目。这是位于中国台北市的一家 70 平方米的动物医院，于 2018 年完成。

        这个场所坐落在都市小角落，在极微小的内部空间透过两道白墙作为空间切割，并且作为过渡的接口——在街道与屋内之间，也在室内的公共开放区与私密区之间。

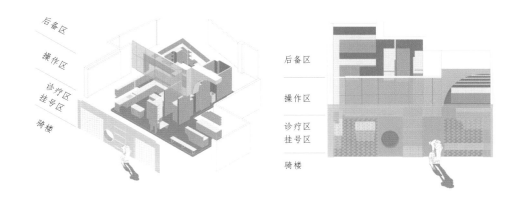

后备区

操作区

诊疗区
挂号区

骑楼

上：
第一道白墙是室内与街道的过渡
下左：
第一道白墙与室外空间
下右：
玻璃砖过滤噪声，圆洞是内外之
间的联系

5. 在这个项目中遇到最大的困难是什么?

极小的空间面积。扣除后备区域后,仅剩极微小的医疗诊疗区域,并且面对繁杂的都市街道——具有挑战的是利用几个简单设计创造面对都市与内部使用空间不同接口的转换。

6. 请您对这个项目进行简单的评价。

对于两个不同属性的白墙的处理,挑战了非传统玻璃砖的构筑方式——寻求街道视觉与室内外关系(内部的白墙为滑动开启的机制)。略为不同的是玻璃砖白墙的质感与使用——透过两道墙简单地分隔空间。

每件作品的设计与建构过程都有许多取舍之处,都是经历,也都是挑战,都是与业主共同创作的过程,并不遗憾,只有回味再精进。

7. 您觉得自己与室内设计师有什么区别或相似之处?

建筑师的经历可以让室内创作跳脱非单纯质感的追求,使作品有更多空间与生活的响应。除此之外,我往往会思考外环境因素,而非仅思考纯室内空间的关系。

接待区

项目名称：双墙
项目地点：中国·台北
设计单位：本埠设计｜蔡嘉豪建筑师事务所
竣工时间：2018 年
主创设计：蔡嘉豪，伍泽明
设计团队：蔡嘉豪，伍泽明
主要材料：玻璃砖、黑铁、人造石、自平水泥
空间摄影：本埠设计｜蔡嘉豪建筑师事务所

8. 未来是否还愿意接受室内设计项目，会不会考虑全面转型到室内设计领域？

愿意接受室内项目，但还是会保持建筑、室内共同进行，让自己在大小尺度设计间保持弹性与重复思考——建筑不忽略室内细节，室内设计仍顾及内外环境。

9. 您对即将进入室内设计领域的建筑师有什么建议？

建筑师做室内设计容易忽略较细微的生活质感，但也保有建筑师对不同空间敏感的特质。因此，在保持特质的同时，要多注意质感软装等可能转化为设计的着力点。

10. 您是否赞同建筑师进军室内设计领域？

赞同。这会让室内设计呈现一些不同的样子，使建筑师保持某一种纯为空间讨论切入室内空间创作的观点，与某些单纯以装饰等思维方式进行的室内设计相配合，呈现出较多元的空间环境。

1. 骑楼
2. 候诊区
3. 挂号、理药区
4. 诊疗区
5. 手术区
6. 外病房
7. X光室
8. 病房、后备空间

上：
木制座椅微切两侧的工作区和等待区
下左：
第二道白墙
下右：
两道白墙之间

边界实验建筑工作室 /
黄智武

边界实验建筑工作室是一个年轻的设计合作团队，希望融合不同学科的知识力量，对后工业时代的人居环境进行富有创意的探索。边界实验通过建筑、室内、商铺以及城市的不同尺度的项目实践尝试，寻找具有创意和前瞻性的建筑和室内设计方法。工作室已与多个专业领域的人士展开合作，包括建筑师、环境工程师、房地产分析师、图形设计师和城市规划师，以此发掘项目的潜力，并扩大团队的设计视野。多学科团队成员的组合使边界实验形成了开放的对话环境，以及在可持续发展城市规划和设计中以不同角度来思考的工作模式。

室内设计是一个更加『感性』的领域，需要更多的生活感悟和艺术修养才能做好。功能主义在某些空间设计上不起作用，需要我们有更多的抽象思维和精神层面的追求才能把室内设计项目做好。但保持自己的建筑思维的特性，反而是在室内设计界凸显自我风格的一种好途径。

1. 公司从什么时候开始做室内设计项目？目前为止一共做了多少个？

公司从 2014 年开始做室内设计项目，目前为止已经超过 120 个了，大多数属于店铺与公共办公空间设计。

2. 你们做的第一个室内项目是哪一个？完成情况如何？

第一个室内设计项目是一个以"锈"为主题的工业风格酒吧，完成度还不错。这个酒吧成为当年那个地区最火爆的音乐酒吧。因为当时很少有人用这样的手法来做室内设计，所以成了年轻人追捧的对象，也让我们工作室一直都按着这种另类的创作路线走下去，形成了比较独树一帜的创作风格。

3. 您在什么情况下接到这个室内设计项目的？

当年接第一个项目的原因是多方面的，但归根结底还是朋友介绍。自己本来想在学术上发展，想不到接二连三地接了很多店铺设计，于是就把工作室做起来了。部分原因也来自自己的准备，因为在英国读研究生期间，自己主修的是移动建筑，所以对钢结构、机械风格、高技派等的设计有了一定的研究。工作后也不知道自己的这种风格爱好能如何应用到实际的建筑项目当中，当时也想过，这么科幻的风格应该只有酒吧才会使用吧。后来真的有酒吧类的项目找上门，也就自然而然地把积累的这种能量爆发出来了。

4. 您最喜欢的室内项目是哪一个？

我目前最喜欢的是一个小建筑改造项目，是名叫一期一会的美术馆，获得了德国标志性建筑设计奖，美国《室内设计》中文版杂志"金外滩"奖等。也是一个不经意的小作品吧，表达了我对空间几何体和视觉符号的一些浓缩性的观点。我当时主要考虑的是如何把有限空间放大，即引导观者得到扩大空间的感受。

一期一会是由日本茶道发展而来的词语，指人的一生中可能只能和对方见一次面，因而要以最好的方式对待。这样的心境中也包含着日本传统文化中的无常观。

项目位于创意园内的一个偏僻角落，一面靠山，两面受到小道路的挤压，另一面为开阔的空地。所以根据不同的道路与空地宽度的变化，为了降低对狭小道路的压迫感，我在立面上做了东南矮、西北高的劈角造型，同时打开天窗，让更多的阳光进入室内。

因为建筑内部空间不大，所以尽量释放大部分墙面以作展览使用。楼梯等构件尽量不占用墙面位置，所以在空间中央做了垂直的旋转楼梯。同时把进门后的人的视线引向高处，解决空间小的视觉问题。

左：
顶层平台
右：
立面设计为东南矮、
西北高的劈角造型

设计造型的出发点，是希望通过纯粹的独立几何体块叠加，来强调这个小美术馆的形态抽象性。精心设置人的参观路径——在空间中高低错落，随着光影的变化，丰富了参观者在这个小空间的感官体验。

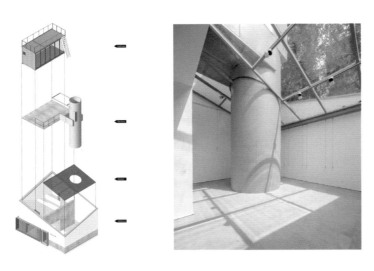

上：
中央垂直的旋转楼梯减少了对墙面位置的占用
下：
释放大部分墙面空间用作展览使用

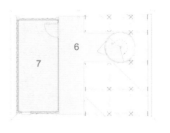

1. 休息室　　5. 储藏室
2. 展示区　　6. 庭院
3. 旋转楼梯　7. 工作区
4. 清洗区

设计师希望通过独立几何体块的叠加来强调美术馆的形态抽象性

项目名称：一期一会美术馆
项目地点：中国·广州
设计单位：边界实验建筑工作室
竣工时间：2015 年
主创设计：黄智武
建筑面积：50 平方米
空间摄影：左小北（恩万影像）

5. 您在做这个项目期间遇到的最大困难是什么?

这个项目中最大的困难是业主的经济问题。原本是要拆掉重做的，但因为清水混凝土支模比较贵，改造费用差不多是现在这个方案的两倍，所以只能折中选择了其他的手法。结果歪打正着，改成白色风格后，外观反而更亲切，也更可爱动人了。

6. 请对这个项目进行简单的评价。

这个项目整体造型还是做得不错的，最遗憾的是一些小细节的处理。我希望能做得再精致一点儿，这也是我一直追求的。但工人的手工有时候只能达到这种程度，受限于原材料、施工图员工的水平、到现场跟进的频率。做得好的地方是，整体形象、气质较佳，小而美，内部光影变化有趣，令人印象深刻。

7. 您觉得自己与室内设计师有什么区别或相似之处？

1. 更加懂得把控设计的目的与控制整个项目的全过程。
2. 对于项目中体现价值感的东西与其他室内设计师的价值观有点不同。例如室内设计师可能更在乎美学、比例和收口。而自己更在乎整个空间运作起来的效果，例如人与人之间的互动情况、光线的把控、空气的流通、经济效益等综合性的问题。
3. 更加侧重于空间的划分。细节上注重表里一致。希望真诚地表现材质与结构逻辑。收口能省则省，遵循自己的经济性和人文关怀原则（盖出大众能负担得起的建筑）。

8. 建筑师在进行建筑设计的同时完成室内设计会为业主带来何种好处？

建筑室内一体化设计，可以让空间更加实用，内外关系更加和谐，减少室内设计师对建筑师想法的破坏，同时可以为业主省下一笔拆改费用。如果让建筑师参与运作全过程，则可以提供策略上的建议，例如低碳技术、人文艺术的融合、商业空间的设置。其实现在建筑师掌握的知识不只是把建筑盖出来而已，这体现不了建筑学的价值。如果建筑师能参与室内设计，更能把多学科的知识运用上去，这种内外兼顾的设计方法会使设计更加饱满、更有实用性。

9. 未来室内设计会成为公司的主要收入来源吗？

其实室内设计项目一直都是我们工作室的主要收入来源，反而建筑设计是我们的点缀。我们控制在只接受中小型的建筑设计项目，同时数量不是很多，这样我们可以更好地控制质量。我认为，室内设计项目更贴近生活，更贴近使用者，同时发挥的空间更多，是个很好的领域。

10. 您如何看待建筑师进军室内设计领域？

我赞同建筑师进军室内设计领域，不过也要舍弃很多观念才能转型成功。建筑师进军室内设计领域，可以带来更多的想法。我认为，室内设计师更注重情绪、情感，而建筑师更注重哲学、思维方式，以及各种突破创新的操作。所以在室内设计项目中，糅合二者的特性，设计将会显得柔中带刚，更上一层楼。

传统的室内设计偏向感性艺术和工整的施工技术。而建筑师做室内设计时，更注重概念控制、材质构造和观念上的实施，所以会把室内设计行业推向更加反传统的方向。同时熟悉室内设计的建筑师在做建筑设计时，整合能力更强，作品完成度将会更高。

不局限于材料原本的属性

平介设计 /
苏雅婷、杨楠

▨ 平介设计 (Parallect Design) 于 2017 年成立于荷兰，主要承接建筑规划项目，同时也承接室内、景观、平面、展示等设计项目。平介设计团队成员拥有不同的教育和工作背景，并在多元文化相互融合和冲击的工作氛围中，不断打破设计的传统，针对不同环境下的设计问题，提出富有实验精神的设计思路。平介设计擅长用与使用者平行的视角介入设计，强调空间的实际体验，并在着眼设计艺术性、功能性、经济性的同时，不断挖掘空间潜能和使用者的潜在需求。

建筑师的经历让我们可以更多维度地去思考解决不同设计细节的方法，比如不局限于材料原本被给予的属性，而是去探索它们可以被转换的属性，从而达到更佳的效果。举个例子，植草砖只能是地砖吗？如果它作为建筑立面会怎样呢？

1. 目前为止一共做了多少个室内设计项目？

目前为止有三个室内项目已经竣工，包括一个咖啡厅、一个餐厅和一个住宅。另外还有一个办公室设计和一个猫咪咖啡馆正在进行中。

2. 第一个室内项目是什么？是在什么情况下接到的？完成情况如何？

我们事务所还很年轻，第一个室内项目——"深海"咖啡厅是在2018年2月，也就是春节期间接到的。这个项目是经朋友介绍的。非常幸运的是，这家咖啡厅的业主是几个非常有活力、有想法的年轻人，对设计的创新性和独特性很有追求，这和我们事务所的宗旨不谋而合。而且咖啡厅的主题非常明确——"深海"，省去了很多构思主题的时间，让我们可以更加直接地深入到设计本身，通过空间和各种细节去演绎这个主题。

项目已经于2018年5月竣工，现在颇受关注。

3. 您最喜欢的室内项目是哪一个？

"深海"咖啡厅既是我们第一个室内设计项目，也是我们最喜欢的室内项目之一。它位于昆明市盘龙区滨江俊园25栋10号，面积160平方米左右。设计过程中，我们和业主达成了一个共识，就是这个咖啡厅并不定位于传统意义上的咖啡厅，而是一个集餐饮、展览、观影、聚会、交流于一体的小型社交空间。在这里，很多令人想得到的和想不到的事情都可能发生，所以在空间属性上，我们并没有给出明确的定义。设计上，我们借用蓝色的顶面定出空间的基本色调，镜面反射、开窗引光、透明家具共同营造出波光海面的效果。

1. 厨房
2. 咖啡吧
3. 储藏室、休息室
4. 卫生间

 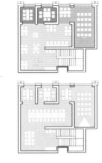

上：
室内使用了大量的透明家具，以亚克力、充气塑料、玻璃为材质的家具使得室内部分统一地表达出了深海的波光闪烁和透明感
下：
楼梯间大量使用蓝色镜面，呈现出梦幻的反射效果

项目名称："深海"咖啡厅
项目地点：中国·昆明
设计单位：平介设计
竣工时间：2018 年
主创设计：苏雅婷 杨楠
建筑面积：160 平方米

4. 在做"深海"这个项目中遇到最大的困难是什么？成就感是什么？

这个项目中最大的困难应该是如何在有限的预算中，实现一个与众不同的"深海"的效果。成就感应该也源自能够克服预算的限制，做出达到预期的设计效果。

5. 请您对这个项目进行简单的评价。

这是一次非常愉快的设计体验，也收获了业主和很多人对"深海"咖啡厅的喜爱，这是作为设计师的荣幸。但是由于这是异地项目，我们不能随时去现场监工，及时解决问题。因此，施工的完成度和预期还是有一些差距的。

6. 您觉得自己与室内设计师有什么区别或相似之处？

感觉我们和室内设计师的主要区别应该是我们接受教育的过程中所养成的设计习惯和思维模式的不同吧。我们对空间效果的营造更加重视，也更加大胆，喜欢打破别人对一些特定空间的惯性理解，并通过一定的手段将其重塑。所以接到一个新的项目，我们首先会对室内空间进行完整的剖析，挖掘空间的可能性。我们和室内设计师最大的相似点应该是对材料的应用、空间色调的把控和家具的整体组合都有很高的要求吧。

7. 未来还愿意继续尝试室内设计的项目吗？

只要是我们还没接触过的又能胜任的、有趣的项目，我们都愿意去尝试。但是我们应该不会考虑转型到室内设计领域，因为室内设计的可操作性和可参与性相对于建筑来说低一些，我们还是更期待建筑本身与环境、建筑空间与人在不同尺度下的对话。

8. 建筑师在进行建筑设计的同时完成室内设计会为业主带来何种机遇与好处？

这个问题比较有趣。在欧洲，建筑师通常是将建筑和室内设计同时完成，然而真正的室内设计师只是去参与一些很高端的室内设计。对于大部分的建筑项目，室内设计都是由建筑师完成或是给出设计导则的。先说好处吧，由于建筑师对整个建筑已经有了比较完整的认识，简单地说就是在设计阶段就已经考虑了场地、结构、设备、表皮、空间等一系列和建筑相关的因素，因此室内设计进行时，他们对空间、家具、材料有更明确的认知和定位。所谓的机遇，我的理解是在整体完全统一的情况下，能够出现一个内外协调的结果。

9. 您对即将进入室内设计领域的建筑师有什么建议？

可以把设计建筑时的方法用于室内设计中——注重整体的构思，再深入到细节。切忌拼凑式的想法堆叠，用几个重要元素将空间故事叙述完整。

10. 您是如何看待建筑师进军室内设计领域的？

建筑师进军室内设计领域，谈不上赞同不赞同，只要和建筑师个人的兴趣或者事务所的发展愿景、强项相符，就不存在任何问题，还可以有效地加强行业间的互动和交流，相互学习，共同突破。

上海有寻建筑设计事务所 /
汪 琳

上海有寻建筑设计事务所致力于精品商业类项目，擅长商业空间室内设计、改造设计、景观与艺术装置同商业空间的整合。两位创始人均毕业于德国斯图加特大学建筑系，有多年就职于德国著名建筑事务所的经历，其专业背景为有寻建筑设计事务所奠定了国际化的基调。我们专注于项目自身的特定条件，为业主提供量身定制的设计服务。每个项目均从具体的设计要素出发，探寻与之匹配的设计，通过各种设计、艺术语言之间的交叉和互动，形成生动的设计意境。

由大到小，由主题发展设计

不论是做建筑师还是室内设计师，我们所有的选择都应是积极主动的，从内心深处做有灵魂的设计，这样才能使无论何种设计都拥有打动人心的力量。

1. 公司从什么时候开始做室内设计项目（包括连同建筑一起做的室内设计项目）的？目前为止一共做了多少个？

我们的事务所于 2017 年 3 月成立，第一个项目是服装买手店。到目前为止，大大小小的项目一共做了 10 个（含改造项目）。

2. 您做的第一个室内设计项目是哪一个？完成情况如何？

第一个项目的设计时间是 2017 年 4~6 月，竣工时间是 2017 年 8 月，是贵阳 TAG 时尚买手店。

3. 您在什么情形下接到第一个室内设计项目的？

在我们的事务所成立之前，我从德国 gmp 建筑事务所辞职，成为一家小型意大利事务所的合伙人，并在这家事务所做了几个比较有名的买手店项目。当意大利前合伙人关闭上海工作室后，我就自然而然地继续做店铺类的室内设计项目，当然我个人也是比较喜欢的。

4. 公司最有代表性的室内设计项目是哪一个？

目前为止，我们最具代表性的项目就是这个两层临街的 TAG 时尚买手店。

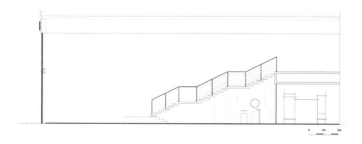

它是一个多品牌的融合空间，售卖男、女装及配饰。既有正式礼服，又有街头风潮衣；既有走秀需求，又有咖啡吧。头脑风暴中我们找到一种"比拟"的修辞手法。在我们眼中，TAG 所陈列的时尚商品都可以被看作艺术品，而业主也正是用一种艺术化的品味在经营这个店铺。与业主的第一次交流便明确了设计方向，即我们要用"艺术馆"的方式来设计时尚买手店。

在这一主题的引领下，我们借鉴"艺术馆"的空间组织形式，在方形的平面上穿插布置展墙，用以陈列服装；通过展墙错落的布置，让空间流动起来。在展墙之间，点缀立方体展柜来陈列配饰。楼梯的设计同样借鉴了"艺术馆"的思路，使其成为空间的焦点。宽敞的楼梯空间一侧，是一面连续的超大展墙，博物馆级别的洗墙灯营造出"艺术馆"的氛围。

上：艺术馆展墙式的服装陈列
下：纯灰色调的空间

1. 门厅
2. 橱窗
3. 接待区 + 收银台
4. 迷你吧
5. 主展示区
6. 定制服装区
7. 沙发
8. 更衣室
9. 员工办公室
10. 储藏室 1
11. 楼梯
12. 储藏室 2
13. 卫生间
14. 投影墙

"艺术馆"的主题使我们终于有机会尝试纯灰色空间。不同灰色系的材料可呈现出丰富的层次：在材质组合搭配上，通过不同材质间的对比形成一种有张力的戏剧化效果，使得空间的质感丰富且细腻。毛毡、水磨石、花纹铝板、波纹铝板、清水混凝土、艺术涂料、木材和大理石等材料，在空间里交错组合，共同营造了一个微妙的"灰"空间。在自然光和人工照明的配合下，这个灰色的空间透出淡雅宁静的气质，犹如莫兰迪的画，静谧而迷人。同时灰色"艺术馆"所具有的仪式感和神秘感，使得陈列其中的商品获得了艺术的升华，有效地提升了人们的购物欲望。

"比拟"的修辞手法，"艺术馆"的设计方式，使时尚买手店最终获得超乎寻常的表现。而这次设计也使作为设计师的我们收获了非凡的体验。

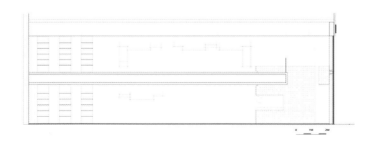

左：艺术气息浓厚的店中咖啡休闲区
右：艺术馆气质的空间细节

灰色系材料的碰撞和组合

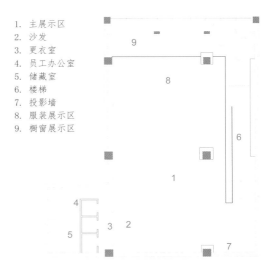

1. 主展示区
2. 沙发
3. 更衣室
4. 员工办公室
5. 储藏室
6. 楼梯
7. 投影墙
8. 服装展示区
9. 橱窗展示区

项目名称：TAG 贵阳时尚买手店

项目地点：中国·贵阳

设计单位：上海有寻建筑设计事务所

竣工时间：2017 年

主创设计：汪琳，王丹

建筑面积：512 平方米

空间摄影：吴清山

5. 在做这个项目中遇到的最大困难是什么？最有成就感的是什么？做建筑师的经历对于做这个项目有什么帮助？

这个项目最大的困难是在施工阶段，因为第一次做贵阳的项目，对于当地的施工技术和质量没有了解，花费了大量时间进行施工沟通。最有成就感的也是这一点，通过紧密地沟通，我们最终还是获得了较高的完成度，使得这个项目成为贵阳乃至整个西南部地区知名的店铺。作为建筑师，我们会更多地从空间和人的行为入手进行设计，因为这个店铺的主题是时尚艺术馆，所以我们将一个服装店做出了艺术馆的感觉。

6. 请您对这个项目进行简单的评价。

整个项目从空间的布局到细节都很好地体现了我们的设计主题：时尚艺术馆。空间性格独特且具有吸引力，不同灰色材料的使用也使空间具有细腻的质感。总体来说，这个项目我们是非常满意的。要说遗憾，可能还是在施工的一些细节上，由于造价和当地材料的局限，仍然有一些细节处理得没有达到我们的预期。

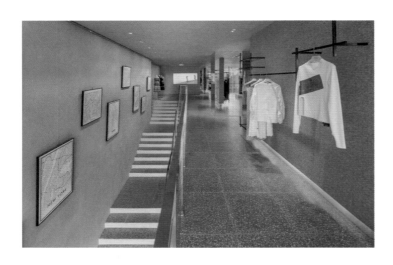

宽敞的楼梯是空间的焦点

7. 您觉得自己与室内设计师有什么区别或相似之处?

对于这一点,我个人认为每个设计师都是有区别的。在欧洲,其实并没有专门的室内设计专业,大家都是建筑师——室内建筑师和建筑师。如果一定要说区别,可能就是建筑师会更多地从大的方面入手来做设计。我个人就是从解读空间入手,由主题来发展设计。

8. 公司未来会主攻哪个方向?

目前我们事务所主要的项目都是室内设计,我们的计划也是主打室内设计领域。

9. 您认为建筑师应该主动寻求转型吗?

我觉得这种选择不应该是被动的,而应该是主动的。如果项目与个人兴趣相合,室内设计当然是可以为之的。由于室内设计涉及到很多不同于建筑设计的细节和构造,这些对于要转型的设计师来说也是需要注意并需要补充专业知识的。

10. 您是如何看待建筑师进军室内设计领域的?

我并不是进军室内设计领域的建筑师,而是出于个人兴趣所在,特别是我的事务所现在擅长的是时尚店铺类项目。可能是因为在欧洲留学过的缘故,我个人觉得建筑和室内设计是相通的,无论何种专业背景,能够做出好的设计,对于行业的发展都是有益的。我觉得在未来建筑和室内的绝对边界应该会慢慢淡化,也会有更多有趣的设计和项目出现。

Design Poche/

傅钰涵

■ Design Poche 是一家位于悉尼的集室内设计、平面设计、品牌包装和活动场景布置于一体的综合服务工作室。专注于住宅空间、民宿、商业以及环境艺术等人文环境设计。该工作室的员工以对设计和创作的专注与热情、专业的服务、对客户的尊重和理解来打造可持续空间和建筑，探索设计实践的新高度。

空间的形状、光影、触感

我一直坚信，设计来源于生活。艺术的创造需要时间去磨练，在这个过程中，我们唯一要坚信的是自己所代表的文化，有没有在设计上适当地表达出来。对于室内空间美感的追求需要结合整个环境去营造出一种恰到好处的氛围。在满足功能上的需求之外，作为设计师，我们有责任在所设计的空间里找到某种更深刻的东西。

1. 公司从什么时候开始做室内设计项目（包括连同建筑一起做的室内项目）的？目前为止一共做了多少个？

> 我们工作室是 Order is 公司旗下的设计工作室，成立于 2018 年 1 月。到目前为止做过并参与过包含住宅、店铺、餐厅、公共中心、装置艺术等十几个项目设计。

2. 您做的第一个室内项目什么？完成情况如何？

> 对于个人的设计经验而言，完成的第一个室内项目应该是悉尼儿童医院 ICU 病房升级改造。目前改造后的病房已经开始投入使用。

3. 当时怎么会想到做这样的项目？

> 这个项目是和我的母校新南威尔士大学联合澳大利亚 PTW 建筑事务所一起做的。原来的儿童医院 ICU 病房十分拥挤，和很多医院一样，里面充斥着浓浓的消毒水味道，昏暗的灯光，任意摆放的桌椅、医疗用具。每个小朋友的床铺之间没有陪护家长可以待的空间，更谈不上隐私等很多问题。这让我们觉得这个项目十分具有挑战性，并且有信心发挥团队的力量去改变这样的情况。

4. 您最喜欢的室内项目是哪一个？

> Parallax 艺术中心是一个用光作为灵感设计的项目。我非常喜欢运用光线作为设计中最重要的一部分，整个项目共分为 5 大空间，是由原悉尼 white bay 电力工厂改造而成的（位于悉尼内西区港口旁）。这是一个充满活力的地方，提供创意空间，鼓励投资、合作和创新，是艺术家进行创作的空间，也是普通大众艺术交流的场所。

上左：
新与旧的结合
上右：
光线的层次
下：
影像的纹路

新的设计赋予了这个地方崭新的生命——从原来废旧的工厂，到公众可以探索的艺术空间，人们可以在这儿找到不同空间带来的独特灵感。

所有的细节设计均根据当地环境和历史作为起点，运用自然光和灯光作为载体，去展现建筑材料的肌理，并且在不同的空间，光线会随着时间的变化，突出不同空间的作用，指引着人们在空间里活动，并带给他们不同的感受。

项目名称：Parallax 艺术中心
项目地点：澳大利亚，悉尼
设计单位：Design Poche
设计时间：2018 年
主创设计：傅钰涵

光一记忆

5. 在这个项目中遇到最大的困难是什么？最有成就感的是什么？做建筑师的经历对于做这个项目有什么帮助？

设计上其实最大的难题是如何将一个概念贯通全部空间。因为我们不需要几个互不关联、独立的小空间，而是如何在有限的空间内去讲一个完整的故事。加上在做项目设计过程当中，需要配合各方面去沟通、解决问题，所以如何坚持自己的想法并满足客户的需求也是一个很大的挑战。

最有成就感的当然是在设计的最后阶段，得到客户和各方面的认可，并把我想象中的效果真实地展现在他们面前。

作为有建筑背景的设计师，考虑整体建筑的环境，使整个设计走向流畅自然，是最关键的一点。再去挖掘建筑的细节，使得空间在视觉上得以突出设计主题，并用细节上的触感给来往的人带来一种对于空间的记忆。

6. 请您对这个项目进行简单的评价。

我对这个项目的概念的展现比较满意，但在细节上还有更多进步的空间。整个项目是为了改造废旧发电站，将"旧"演变为"新"，所以除了在细节上需要保持原有的历史特色之外，还需要考虑如何把新的元素融入到整个场地环境。项目的设计很好地做到了这一点——巧妙地用灯光展现新的空间，又让空间的形状作为媒介来展示一天之内自然光的变化。用不同的材质突出新与旧的融合，形成对比，并互相衬托。

7. 您觉得自己与室内设计师有什么区别或相似之处？

其实一开始做室内建筑的时候很多人会问："那你们和室内设计有什么区别？"大家可能有个误区，觉得两者是差不多的，但其实过程完全不一样。我们会更注重空间的展现，通过一些设计技巧或形式来突出某种概念，会更多地考虑整体的流线、内部空间如何和外部产生关系、外部进入内部是否自然；又或者是空间与空间之间的相互影响，如何通过改变空间来解决问题，并满足客户的需求。相对来说，室内设计会更注重细节的掌握，比如色彩的搭配、家具的选择、灯光的效果。就拿前面讲到的艺术中心项目来说，设计过程中更多的是去调整空间的形状、光影、功能、触感，然后再去配以适当的色彩、用具。所以二者缺一不可，有着建筑设计背景的情况下，去把控好细节再来做室内设计，其实是很有意思的。

8. 建筑师在进行建筑设计的同时完成室内设计会为业主带来何种机遇与好处？

建筑师在做整体设计的时候，除了基本的结构之外，如果考虑好室内的整体流线、功能分布，会为业主提供更多空间及时间去完善更多设计上的细节。做室内设计的时候经常会遇到很多空间上的问题，比如某个空间结构让整个设计不协调，或者哪个地方需要自然光线却因为一开始的建筑规划没有考虑到，导致后期需要调整很多，又或者外部做完后，室内想做的风格完全融入不进去……这些矛盾其实耽误了业主的时间，设计效果还可能会大打折扣。一般来说，做室内设计需要更多地了解空间的情况，利用室内设计的技巧去满足业主的需求。所以，设计师在做建筑设计的同时就能把控好室内的一些细节，比如光线、格局、整体流线、如何与室外产生联系等，整个项目会相对比较完整，室内室外互相呼应，进而去表达出设计师的情感。

9. 未来是否还愿意接受室内设计项目？会不会考虑全面转型到室内设计领域？

会继续接室内设计的项目，但还是会结合建筑设计的背景来做，这样的话设计的思维不会被局限，又能享受与细节打交道的乐趣。

10. 对即将进入室内设计领域的建筑师有什么建议？

做自己喜欢的设计是最重要的。很多时候大家会盲目地追求一种当下流行的风格，或者被一些模块化的东西限制住。这个时候需要坚持自己的想法去努力，当然也要结合实际情况来维护自己的想法，这往往可以在客户的要求和自己的坚持之间找到平衡。建筑师的思维非常有用，从大到小、从小到精，需要不断地学习、更新自己的知识。

11. 您是如何看待建筑师进军室内设计领域的？

我觉得设计本来就是相通的，没有说只能某一群人可以做一件事情。而且有设计想法的，时常是在跨出自己熟悉的领域后才带给人不一样的惊喜。室内设计近两年来很火的，特别是商业设计上，很多网红店都需要抓眼球、吸引人拍照的地方。但我觉得长期做室内设计的话，需要当生活的观察者，观察人们需要什么，什么样的生活方式是我们想传达的，什么样的设计经得起推敲并且是有意义的。

第 二 章

建 筑 师 的 态 度

IDO 元象建筑 /
陈 俊

IDO 元象建筑 (Init Design Office) 是一个根植中国西南地区的建筑师团队，由宗德新、苏云锋、陈俊三位合伙人于 2012 年创建于重庆。IDO 元象建筑完成的设计作品，涵盖了大型城市综合体、小型私人会所、城市景观、室内家具。在实践的同时，保持着对当下中国城市、文化、社会的敏锐洞察力及独立思考，并在近年将公共利益、人文关怀作为研究重心，关注现代与传统建造之间的关系，践行生态城市与绿色建筑理念。

多向优秀的室内设计师学习

建筑师对于设计室内项目的切入点、重点往往与室内设计师不同，我们认为建筑师更多地参与到室内设计领域会让室内设计界产生更多元化的设计风格，也是市场逐步走向成熟的一种体现。

1. 公司从什么时候开始做室内设计项目（包括连同建筑一起做的室内项目）的？目前为止一共做了多少个？

元象建筑从 2013 年开始做建筑室内一体化设计。我们的第一个项目是 7 平方米极限住宅实验，是一次极限居住空间的设计研究，获得了 2014WA 中国建筑奖的三项入围奖，但这还只是个实验性作品。2013 年开始设计的大理慢屋·揽清度假酒店算是我们第一次尝试，做到了建筑、景观、室内一体化，项目于 2015 年 6 月竣工。目前完成的，以及正在设计的此类项目有近 10 个。

2. 当初为什么会做大理慢屋·揽清度假酒店这样的项目？

元象建筑在过去多年的实践中，完成了不少商业项目：大到城市综合体，小到私人会所。但由于各方面的原因，很多好的想法并未能实现。我们认为：一个好的建筑必定是多方合力的结果。为了能盖一栋让建筑师满意的房子，2013 年初，我们决定要"去大理盖自己的房子"。慢屋·揽清项目从最初的草图至施工结束一共用了两年多的时间。为了确保项目建成后的高完成度，元象建筑对设计建造的全过程：选址策划、建筑方案及施工图设计、室内（包含软装、家具设计及现场制作）及景观设计，施工现场等环节进行着全程把控。

3. 您最喜欢的室内设计项目是哪一个?

还是慢屋·揽清吧,这个项目是元象建筑在大理设计的两个设计型酒店之一,场地位于葭蓬村洱海畔,是一个基于原有农宅的改扩建项目。

在这个项目中,我们的角色既是甲方又是乙方。我们认为这是一种模式的转变,特别是在当前经济转型下,在后房地产时代下,建筑师的角色定位或许可以重新思考?

我们不做标新立异的建筑,只是让建筑真正属于这个场地。创造多层次的公共空间,从多维度建立建筑与洱海的关系,让使用者可以各取所需,互不干扰。人们需要从这个建筑跨过面前的马路才能欣赏到前面的洱海水景。建筑与马路之间的关系很难处理。我们采用了一个半下沉的公共空间来塑造一个双重的联系,即通过空间下面的隔墙低下来的地方来建立与水景的联系,又在空间上面新建造了一个平台,建立起与洱海水景更为直接的关系。这个平台用了与建筑主体不同的结构方式(钢结构),其标高也有所降低,使之与一楼地面建立起更亲近的关系。这个平台右边所接的建筑是敞开的,一来让二楼更有一种地景感而不是建筑感;二来,从马路上看,建筑也显得更加轻巧,不像周边房子那样很实。

室内共有 13 间客房,每间客房都拥有独特的景观。我们做了 10 种不同的房型,创造了室内的多样性。家具使用当地拆除的老木房梁改制而成,体现了时间的痕迹与一种"在地状态"。

从架空层看庭院

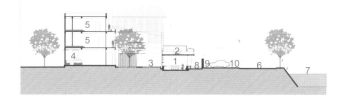

1. 下沉书吧　　6. 公路
2. 观景平台　　7. 洱海
3. 内部庭院　　8. 侧院
4. 火塘　　　　9. 石头围墙
5. 客房　　　　10. 室外停车位

项目名称：大理慢屋·揽清度假酒店
项目地点：中国·大理市环海西路葭蓬村
建筑面积：改造前 300 平方米，改造后 1000 平方米
竣工时间：2015 年
设计公司：元象建筑
设计团队：苏云锋，陈俊，宗德新，李舸，
邓陈，李超，李元初，陈功
空间摄影：存在建筑

新建部分

太阳能系统
加建部分
原有农宅
新建部分
木格栅
石头墙
中水系统展示区

4. 在做慢屋·揽清的项目中遇到最大的困难是什么？最有成就感的是什么？

在整个建设过程中，建筑师除了在图纸上控制设计完成度，还花了大量时间、精力在建造、管理及运营方面，可谓是"全过程的设计"，一切的努力——策划、选址、租地、各种商务谈判、各种关系的协调——是为了让项目能更好地落地。两年多的时间里，我们不记得有多少次根据现场突发状况"主动"或"被动"地修改过图纸。室内装修施工环节，每个细节都需要现场把控。在最后的冲刺阶段，为确保项目的完成度及进度，元象建筑主持建筑师苏云锋赴大理驻场三个月，全面控制外装、内装以及景观的施工质量；慢屋团队的李舸为项目的筹建、成长及运营也付出了巨大心力。这两年来我们面对了很多的困难及挑战，是慢屋团队的各位成员齐心协力、共同努力才使得项目能够落地，经历过这一次以建筑师为主导的开发模式的尝试后，无数感慨归结为一句话——做甲方其实也挺不容易的。

1. 水池侧院　6. 书架
2. 循环系统　7. 内院
3. 石头墙　　8. 停车位
4. 下沉书屋　9. 屋顶平台
5. 书桌　　　10. 公路

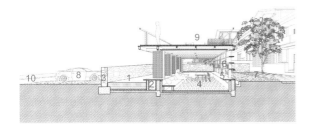

从架空层看洱海

5. 您觉得自己与室内设计师有什么区别?

由于我们只做自己设计的建筑作品的室内设计,所以可能会比其他室内设计师更了解自己建筑设计的核心概念,更关注室内设计与建筑设计的延续性,有利于使最终作品呈现出更高的统一性以及较高的完成度。

1. 玻璃地面　　5. 员工休息室
2. 休闲厅　　　6. 棋牌室
3. 户外平台　　7. 202 房间
4. 茶室　　　　8. 201 房间

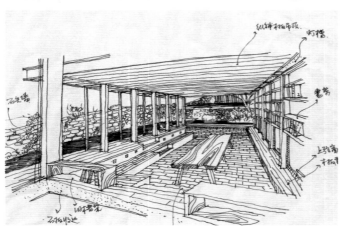

1. 库房
2. 301 房间
3. 302 房间
4. 306 房间

上：
大理慢屋·极目客房露台
下：
大理慢屋·极目客房

建筑师在营造某个空间的时候，往往愿意真诚地表现材料与建造的逻辑，甚至有时候会让主体材料成为内部空间质感表达的主要语言形式，尽量减少不必要的装饰。比如我们在第二家慢屋系列度假酒店——大理慢屋·极目里设计的一个"小钢屋"，这是一个带有公共空间及两间客房的小型度假别墅，因为场地本身狭小，不利于施工，设计中采用了钢管排列形成的剪力墙作为支撑结构，可以说这个出发点是很"建筑"的——兼顾了结构的合理性、经济性以及施工的便捷性。由于这个结构形式是有创新性的——它不是剪力墙，而更像是"光筛"，人在这些钢结构的"光筛"里行进的时候，能够感受到大自然的光与风的互动。这是一个很典型的建筑师创作质感空间的手法。其实，建筑在主体结构搭建完成的时候，空间质感也基本已经确定了，不需要过多的装饰，我认为建筑师与室内设计师最大的区别在于对建筑中结构的认知。

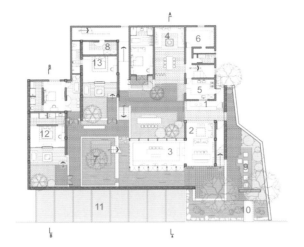

1. 前台
2. 休息厅
3. 下沉书吧
4. 火塘
5. 厨房
6. 库房
7. 古茶树
8. 洗衣房
9. 中水系统展示区
10. 入口小桥
11. 室外停车
12. 101 房间
13. 102 房间

上：
大理慢屋·极目"小钢屋"
公共空间
下左：
"小钢屋"外观
下右：
"小钢屋"光与影

极目"小钢屋"客房：石材、实木板、钢、落地玻璃共同打造的融于当地风景的空间

6. 未来还会继续建筑室内一体化这种模式吗?

从大理慢屋·揽清项目开始至今，我们已经完成的慢屋系列有：大理慢屋·极目、泸沽湖慢屋·湖湾（2017 年湖南卫视"亲爱的客栈"拍摄地），正在建设中，预计 2019 年完工的有重庆玉峰山慢屋·青麦以及仙女山慢屋。元象建筑会继续致力于度假酒店室内外一体化设计的研究工作，我们一般不会接受单独的室内设计委托，但是涉及有趣的建筑改造设计以及我们完成的建筑设计项目，我们会尽可能地说服业主由元象来完成室内设计，这样更便于整个建筑室内外空间质感完整性的表达。

7. 您对即将进入室内设计领域的建筑师有什么建议?

关于室内设计领域,我们还在摸索中前行,需要学习、积累的还很多。如果说有什么建议的话,我们想对自己说,多向优秀的室内设计师学习。

久舍营造工作室 /
范久江

▓ 久舍营造工作室由范久江和翟文婷于2015年在杭州创立，工作室是一家十人左右的小型设计机构，承接的项目包含建筑设计、建筑及空间改造和室内设计。工作室秉持从观念出发，用结构性、叙事性的空间营造方法，关注当下城乡空间更新与在地建造活动，并不断积极尝试以空间生产介入社区营造活动。工作室相信建筑与使用者、设计者之间会持续地互相影响并改变各自的轨迹，因此需要设计者具备正确的价值观与预见性的思考能力。

作为一名建筑师，在改造前对于外部环境对室内空间的影响可以有一个明确的想象认知，内部结构加固可以和外部立面效果统筹考虑，这些都是建筑师的一些本能的思考。但同时，建筑师对于材料与构造真实性的「偏见」，也会在做室内设计时成为阻碍。

1. 公司从什么时候开始做室内设计项目的？目前为止一共做了多少个？

工作室在 2015 年开始接触室内设计的项目。目前为止已经建成和正在做的有七八个。

2. 您做的第一个室内项目是什么？完成情况如何？

第一个室内项目是一个农民房的室内改造。这个项目是我们要拿来当工作室用的，所以要能满足工作室的需求。我们既做业主也做设计，还管理现场施工。

3. 在这个项目中遇到最大的困难是什么？做建筑师的经历对于做这个项目有什么帮助？

农民房改造这个项目遇到的最大的困难是结构的限制。原有建筑为空斗墙和预制板搭建的简易构筑物，原来坡屋面只有一层聚氨酯金属面保温板，这些都需要通过设计改造达成设计工作室和自住阁楼的使用需求。当改造完成后，回看改造前老房子的照片，新老建筑空间品质的巨大差异让人深刻理解到设计所能带来的价值。

4. 您最喜欢的室内项目是哪一个？

是在 2017 年完成的 M.Y.Lab 木艺实验室，位于上海市长宁区，原东风沙发厂厂房一层，单层面积 300 平方米，边上有新增的 150 平方米单层附房，附房和界墙之间形成很小的三角形场地。业主希望能把原有的 300 平方米单层厂房隔成两层，作为木作培训的体验性商业空间使用。

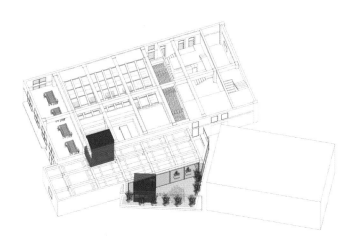

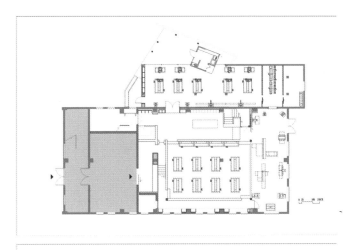

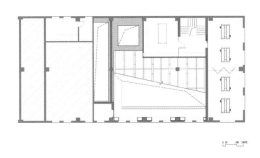

进入主体空间之前是一道狭长高耸的入口廊道，我们在走廊的木质墙壁上连续设置了展示柜和液晶显示器，并在大门入口处的显示器下预留了一个家具展位。廊道的另一端正对接待区的前台，一组传统廊桥的贯木拱桥的木构件组合编织在头顶高处，并在入口大门处露出部分侧面，隐喻着传统匠艺的苏醒。

结合主体空间的斜向金属网吊顶，我们在二楼的相应教室中设置了台阶式的台地。这些台地利用了斜屋顶上方的三角空间，争取了更多的教室面积。我们也将空调等设备都隐蔽在斜吊顶与原平楼板之间的空间中，避免了管线和空调设备对于纯粹空间界面的侵入。

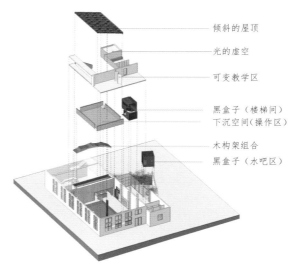

倾斜的屋顶

光的虚空

可变教学区

黑盒子（楼梯间）
下沉空间(操作区)

木构架组合
黑盒子（水吧区）

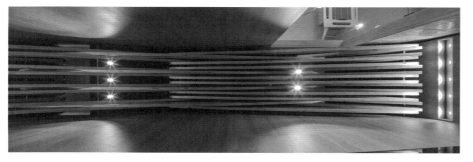

上：
主入口转折处的前台
与顶部的贯木拱
下：
主入口顶部的贯木拱

上：
从二层楼梯口看二楼操作区
中左：
在斜顶空间上的二楼阶梯教室
中右：
一层走廊旁的楼梯间"黑盒子"
下：
一层院落边的操作区和水吧"黑盒子"

另外，我们在整体流线中还设置了两个"金属黑盒子"。一个是从一层上二层的旋转楼梯，楼梯的顶部做法呼应了主体空间的斜吊顶。另一个是附房中连接户内外的水吧，它一半在室内，一半在室外，室内的部分构成了附房区域的形式主体。我们在黑盒子与院落间的门内设置了一个天窗，窗下为一个单人座凳。学做木工的休息时段，人们可以在这里享受安静的独处时光。

为了强化二层的漂浮感，设计中新增夹层的结构如何承重就显得尤其重要。整个二层只有五根立柱落地，其中两根被藏在了隔墙内部，内圈的主梁由立柱抬起，密肋次梁从主梁伸向原有建筑的立面墙体，并以加固的方式与墙体连接。原有外墙与五根立柱共同完成二层的承重，整个空间，特别是沿主体操作区的一周是非常通透的。

从二层跑马廊往下看一层主操作区

项目名称：上海 M. Y. Lab 木艺实验室的室内改造设计

项目地点：中国・上海

设计单位：久舍营造工作室

竣工时间：2017 年

设计团队：范久江，翟文婷，陈凯雄，李婷，孙福东，

陈柳芬，吕爽尔，朱伟南（实习）

空间摄影：SHIROMIO 工作室

5. 您觉得自己与室内设计师有什么区别或相似之处？

和室内设计师的区别可能主要体现在对项目的认知上。我了解的室内设计师通常在面对一个项目时会先有风格的选择判断。而我通常会先挖掘一下项目与空间上的潜力，努力把这个空间最能打动人的地方找到。

以上海木工坊这个项目为例。原有空间是一个净高4米多的厂房，紧邻建筑就是一条高架轻轨线。每隔3分钟，就会有一列车厢从高窗边轰鸣驶过，光线和声响都会对室内产生较大的扰动。这种现代城市感的不断扰动，让我对于在现代城市中已经成为隐匿技艺的木工有了新的认知。因此我结合空间形态设置了一个"考古现场"，让主操作区下沉，用一个二层高的室内斜屋面，将二层的光线引入下沉空间，并且在斜屋面的高处设置一条空中跑马廊，获得参观"考古现场"的俯视体验。

上：
从一层前台看主操作区和二层跑马廊
下：
二层跑马廊

同时，为了让这一"上—下"的空间关系被体验者更加明确地意识到，设计强化了顶部的"漂浮"效果。我们与结构工程师紧密配合，利用原有空间的外部结构，尽量从原有墙体上挑出二层的区域，并让二层空间都不对主体大空间开口，而是用一个独特的黑色"盒子"来串联一二层。

所以，从这些角度来说，我认为自己作为建筑师与室内设计师在思考方式上可能差别比较大一些。我会更多地从整个项目的内核出发来塑造独一无二的叙事性空间，同时利用外部的资源、光线、景观甚至声音来一起塑造空间氛围，并且利用结构的基本知识来体现房间体量级别的轻重关系。

斜顶

楼梯

展示区
储藏室

上：
楼梯间"黑盒子"
内景

下：
一层主操作区内景

6. 公司内部会怎样平衡室内设计和建筑设计项目？会不会考虑全面转型到室内设计领域？

我们对于建筑项目还是室内项目没有特别地区别对待。只要是能体现我们对于空间思考的实践，我们都有兴趣接触。全面转型室内设计领域并不是我们特别的追求。

7. 您对即将进入室内设计领域的建筑师有什么建议？

多了解材料和不同做法的性能与造价差异，多去工地。

很多室内设计师已经与一些材料和构件商品供应商结合成比较紧密的合作关系，这一点是我接触室内设计以后才慢慢发现的。这种情况有两面性：一方面，设计师更了解某一材料或构件商品的特性，能够更好地发挥材料的优势；另一方面，一旦某种材料的使用方式被制度化、产业化，那么这种材料或构件的创新就可能更多地掌握在材料构件供应商那里，设计师的思考就会在制作之前停止。这是需要批判和警惕的。

8. 怎样评价建筑师进军室内设计领域这种现象？

虽然说专业的细分是这个高效快节奏时代的特征之一，但是我们自己对于设计的认知并没有以"建筑／室内"这样的标准在区分对待。对于我们来说，只要对概念和制作的认知思考是深刻的，那么不管是建筑还是室内，都可以有做出好作品的可能。

一本造建筑设计工作室 /
李 豪

▧ 一本造建筑设计工作室致力于中小建筑和空间装置的营造，模糊了传统的设计职业划分。近年来在一系列乡村项目与空间装置的设计基础上，试图在当下的时空里寻找零落甚至感性的历史、文脉、自然碎片，利用空间"边缘"的透明性和罅隙，强调人们对边界的意识和错位感，将其拼合重组为非日常但并不违和的片段，从而在使用者与设计者中创造新的联系。

在室内设计中建立一种『互文』的关系

总体来说，我们认为建筑师的工作范围是不断延展的，例如现在非常受关注的艺术装置公司 teamlab，它的全称是 teamlab architects。空间装置也是我们的一个业务方向，它和建筑、室内设计有所不同的地方可能是更多地带着个体的认识来解决问题，在这个过程中，『我』出现了，诚恳地代入个人的情感，对观者未来日常生活的体验进行模拟和想象，从而创造出感人的作品。

设计师能做的工作是非常多的，只要有需要面对的问题，就会有设计师。

1. 公司从什么时候开始做室内设计项目（包括连同建筑一起做的室内项目）的？目前为止一共做了多少个？

2016 年 5 月，一本造建筑设计工作室承接了第一个室内设计项目——阿咪啄啄云南宴中粮祥云小镇旗舰店。目前一共完成了两个室内（包括建筑＋室内）项目，另有一个在施工中。

2. 您是在什么情况下接到的第一个室内设计项目？完成情况如何？

接手阿咪啄啄云南宴中粮祥云小镇旗舰店项目其实是出于偶然。旗舰店的业主是一位九零后的女孩，我们相识于她母亲在五道口边经营的一家以云南米线和小吃为主的精致小店。阿咪啄啄，这句话在云南方言里是"回家吃饭"的意思。现在阿咪啄啄这个品牌由业主从她母亲手中接过来，有了提升店面形象与消费升级的需求，使其成为一个传扬云南美食的旗舰店。不过由于设计＋施工只有三个多月的时间，所以最终有一部分空间的设计没有完全实现。

这个项目比较困难的部分，首先是需要在短短三个月的时间里确定设计概念，完成设计图纸并与施工队对接开始施工；二是基础空间虽然面积较大，但很零碎，给餐饮流线与餐位布置带来不少难度；三是在预算十分紧张的情况下，业主希望在空间上体现云南宴的精致与独特。

3. 您最喜欢的室内设计项目是哪一个？

目前最喜欢的项目是宜兴湖㳇竹海云见精品度假民宿。这个项目是在 2018 年完成的。

宜兴湖㳇镇竹海，是江浙地区一个小有名气的景区。云见精品度假民宿的主人是竹海地区第一批从事农家乐生意的本地人，由于经营需求的改变，主人希望可以在保留餐饮功能的同时，增加住宿的功能，让原本主要经营餐饮的农家乐升级为兼具餐饮、住宿两种功能的民宿。

原来的房子坐落在竹海景区不远处。背靠竹山，小溪潺潺，然而周围却混杂着面目全非的现代民宅。传统江南民居寥寥无几，欧式的柱头与中式的窗扇无缝连接，大理石拱窗与灰瓦白墙堆叠混搭……这也是富庶的江浙地区的普遍场景——村民依托优美的竹海风景和便利的交通，或早早离开家乡走南闯北做生意，或留下来经营餐饮、农家乐，成为最先富起来的一批人，将自己的家乡改造为琳琅满目的"现代民宅"。

与工人充分沟通，根据本地的施工技术和材料，适当调整设计方向，以求达到较好的完成度

多年前修建的时候，主人对大面积的诉求让这栋房子拥有了十分"奇特"的高宽比，又为了规避农村土地管理中对于宅基地的限制而大范围加建阳台，庞大的建筑体量与乡居村落的肌理十分矛盾。

我们认为，改造不是以预设的理想空间模式对现实削足适履，而是改善原有不便的条件并发掘出其优点，作为突出的个性表达出来。所以我们引入了一面连续的院墙，元素非常清晰：毛石基座、纯白墙面、竹钢压顶（勾勒出明确但友好的领域分界）。由于其适中的高度，周边的村民常常坐在院墙上晒太阳聊天，令其拥有了亲密的空间氛围。

上：
以竹格栅将完整庞大的立面"化整为零"，弱化建筑给紧凑的前院带来的压迫感，并与人的尺度呼应
中：
原建筑餐饮包厢改造为民宿房间，卵石、黄泥等材料的引入令空间有了更多乡野氛围，又不乏精致
下：
原建筑一层改造为民宿大堂，兼具餐饮功能，倒拱形的前台隐藏了结构柱，也给空间带来了趣味

原建筑中千篇一律的窗洞与强行加建的阳台转变为不同
大小的框景、障景，以适应不同房间的气氛

我们选择竹海本地生产的竹材，以竹格栅将完整庞大的立面"化整为零"，弱化建筑
给紧凑的前院带来的压迫感，并与人的尺度呼应。

窗之间的差异被前所未有地强调，进而带来了房间之间的差异。原建筑中千篇一律的
窗洞与强行加建的阳台，转变为不同的大小与框景、障景，以适应不同房间的气氛。
加之室内选取的卵石、土布，现场设计、制作的家具陈设用当地拆除的老木改制，使
这些平面上看起来近似的客房在实际体验中显得丰富、自由，别具一格。

民宿建筑中极其重要的公共空间，在原建筑中极为缺乏。由于改建后的民宿一层依然
需要承担一部分对外餐饮的营业功能，于是空间的公共性由有机组织的楼梯间和公共
露台来承担。建筑师在楼梯间中引入图书馆的功能，激活公共空间品质；利用镜面创
造深远无尽的空间想象，打破传统楼梯间的空间格局。

项目名称：宜兴湖㳇竹海云见精品度假民宿
项目地点：中国 · 无锡
建筑面积：1000 平方米
竣工时间：2018 年
设计公司：一本造建筑设计工作室
设计团队：李豪
空间摄影：康伟

连续的院墙勾勒出明确但友好
的领域分界，周边的村民常常
坐在院墙上晒太阳聊天，令其
拥有了亲密的空间氛围

4. 请你对这个民宿项目做一个简单的评价。

这个项目做得比较好的就是在一个相对低的预算里达成了非常好的空间品质，实现了"云见"的转型，也获得了市场的认可，开业即火爆满房。

比较有遗憾的地方，是起初希望建筑的十八个房间拥有的十八个阳台每个都有不同的设计和氛围，最后受时间、预算以及原建筑的构造限制，只做到了十个不同的阳台，让建筑的性格打了一些折扣。还有我们使用了比较多粗犷的材料，如卵石、黄泥等，这些需要和层次与灯光更丰富的室内空间匹配，但是我们对氛围控制得不够精细，"发力"很拙，导致室内氛围连续性不太好，显得不是很"柔顺"。再有，室内灯光设计其实是一个相对独立的专业，我们作为建筑师对室内人工灯光环境的认识比较缺乏，尤其是对局部光环境的处理不够考究。

5. 您觉得自己与室内设计师有什么区别？

我个人觉得室内设计师对室内空间的控制是非常游刃有余的，建筑师在短时间内很难达到这个程度，毕竟术业有专攻。室内空间是距离人非常近的，10米、10厘米都有可能，在色彩和光线方面给人带来非常精微的感受，任何一点儿变化都会带来很大的不同，而作为建筑师，我试着在室内设计中建立一种"互文"的关系，使得建筑和室内设计的氛围与手法互相浸润，形成完整的空间序列。以我们设计的云见精品度假民宿为例，对室内材料的选择和设计，我们引入了很多"建筑材料"，例如卵石、黄泥，也采用了不少未经精细打磨的材料，例如整棵香樟木，经过简单的处理和上油后按照形态和尺寸不同被直接做成桌子或床靠，成为云见一个非常显著的设计特征。一方面降低了成本，一方面也让室内有更多的"乡野"氛围。在设计过程中我们没有采用传统的设计流程——先出效果图，再根据效果图配材料和软装，而是看村子里有什么能用的材料，根据预算和工人的能力，来决定室内设计和软装的搭配。

6. 建筑师在进行建筑设计的同时完成室内设计会为业主带来何种好处？

我想以我们正在进行的安庆民宿项目为例分享一下。安庆民宿项目中我们同样是负责了全部的建筑、室内与景观设计，并且在基地旁的竹林设计了一座竹梢小屋。这是一个仅有40平方米的极小建筑，占据了基地内建筑群的制高点，建筑顶部有一个小小的"光塔"。它的内部其实是一盏特别设计的吊灯，似乎属于室内设计的范畴，但"光"同时也是建筑设计的核心概念。在由我们整体统筹设计的情况下，尽管现场有大片竹林，在尽量保留竹林的情况下施工工艺做了多次调整，但"光"这个核心概念仍非常清晰地贯穿始终，并随时根据现场施工情况微调室内外设计，减少了大量沟通时间与设计工程交接可能带来的返工。

剖面图

总平面图

1. 入口
2. 门厅
3. 酒吧
4. 楼梯
5. 餐厅
6. 儿童空间
7. 楼梯间
8. 会议室
9. 餐厅

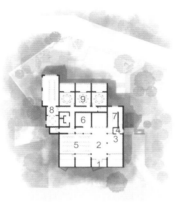

一层平面图

1. 楼梯间
2. 走廊
3. 阳台
4. 豪华套房 1
5. 双人套房
6. 豪华套房 2
7. 家庭套房
8. 露台

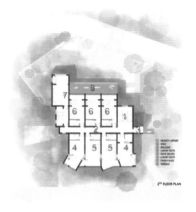

二层平面图

1. 楼梯间
2. 走廊
3. 阳台
4. 双人套房
5. 豪华套房
6. 露台

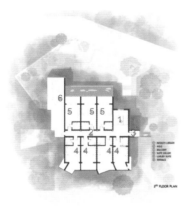

三层平面图

1. 楼梯间
2. 走廊
3. 露台
4. 家庭套房
5. 豪华套房
6. 阳台

四层平面图

7. 未来是否还愿意接受室内设计项目？会不会考虑全面转型到室内设计领域？

我们会继续做室内设计项目，但不会考虑全面转型。这和我们工作室的方向有关，我们未来会是一个以乡村复兴项目、公益教育项目（现已发起 program spark 花火计划，专注乡村公益建造项目，已完成 2017—2018 两年四期留守儿童公益建造项目）以及空间装置项目为主的工作室，所以室内设计可能不会是我们的一个主要业务方向。

室内材料大量选用了民宿所在村落盛产的竹子，既是对环境的回应，也易于更换维护，成本低廉

左：
在楼梯间引入图书馆
的功能，激活公共空
间品质

右：
一截设计师偶然寻得
的香樟木被分为十八
片，经过简单处理后
被设计为桌子或床
靠，其美丽的天然花
纹成为显著的特征

8. 您对即将进入室内设计领域的建筑师有什么建议？

我个人认为可以用理解建筑的方式理解室内设计，例如从社会学
和人类学的调研分析出发，这是一个新的角度。建筑师更要向室
内设计师学习对材料、灯光和施工细节的把控，从而更加精细地
控制室内空间的氛围。

9. 您认为建筑师进军室内设计领域是一种好的现象吗？

其实建筑师和室内设计师都是空间的设计师，只是工作的范围稍有
不同。而现在设计的边界正在模糊，这是非常好的现象。

戴璞建筑事务所 /
戴 璞

戴璞建筑事务所由戴璞于 2010 年创立于北京，是一所寻求时代精神、融合人文传统的创新型事务所。事务所以北京为根据地，在北京、天津、浙江、安徽、四川、湖北、贵州等多个城市开展设计实践，涉及的空间类型多种多样，包括美术馆、养老院、商业消费空间以及办公室和私宅的改造等。在每个项目中，事务所都力求以一种独特的视角和切入点来重新审视每个机会，并将人和空间、自然环境的关系进行重新定义。

中国目前整个室内空间设计都是在中国建筑学科的框架下发展起来的，无论是美学语言还是知识输出，都摆脱不了建筑学的发展现状。不论是现代主义还是讲中国叙事，甚至说得具体一点儿，就是生活方式，都还没有找到真正属于自己的时代语言——看似丰富实则东拼西凑，似曾相识的东西居多。我不知道最后能留给后代多少属于这个时代创造的经典案例——放到世界的语境下，也是可以拿出来当历史说的这种案例。不在专业学科的层面上谈，都只是商业口号而已。所以，最好先问问中国建筑学，或与空间相关的学科有多少干货。

当然了，人民不需要想这些，老百姓要的只是暖暖的家。

1. 公司从什么时候开始做室内设计项目（包括连同建筑一起做的室内项目）的？目前为止一共做了多少个？

从公司的第一个项目（树美术馆）开始，我们就是建筑和室内（甚至包括景观）一体化地在考量最终的呈现。因为在我看来，一个项目最终的完成度，或者氛围，需要空间里的所有元素精确、恰当、诗意地结合在一起。我们从中型尺度（10 000 平方米以下）到几十平方米的项目都有尝试，建成的目前还不多，比如木山酒吧项目，还有正在建设中的几个。

2. 您做的第一个室内项目是什么？完成情况如何？

从我们的第一个建筑项目开始，就包括了室内设计（虽然第一个项目的室内方案只实现了一部分）。真正意义的第一个纯室内项目是2012 年的杭州 CCTV 记者站，完成度达到 90%。虽然照片上看起来不错，可实际上还是有一些不如我意。好在记者朋友们都很喜欢，后期的空间氛围更加符合他们的气息，更生活化。

这是我做的第一个办公类型的项目，那时候联合办公室、共享空间这些概念还没有开始流行，但是我想在所有类型领域的设计上都做出突破，所以毫不犹豫地接受了这个项目。这个项目里，我想让原本分处不同楼层工作的人们，在感知的层面上感受到大家都在一个空间里协同工作。

3. 目前公司最有代表性的室内项目是哪一个？

目前可能最容易被大家所熟知的室内项目是位于重庆的木山酒吧，使用面积（不含厨房）是 90 平方米。

近年来，我们的工作室遇到了一系列有改造需求的项目。这一方面是过去 10—20 年内，行业大量快速生产的遗留现象，一方面也促使我们对这种现象背后的专业现实做出一些更主动的思考和回应。

所有这些改造项目都可以被看作是多米诺结构在水平向度的简单复制和垂直向度的重复叠加。一个单词、一句话，或者一篇宣言，即便是重复数百遍也不意味着正确，更不意味着合理，所以我们尝试在每一个改造项目里，针对这些已经存在的、不断被重复的"错误"和"低品质"做出不同的回应，以更丰富、更具原型性的策略来实验和激发原有的结构，并期待产生彻底全新的建造系统和结构系统。我们将这一系列改造项目称为"反多米诺系列"，这里呈现的木山酒吧项目是我们一系列改造方案里的一个，也是最早实现的一个。

在一个不足 100 平方米、只有两个柱跨的混凝土结构里，如何创造出一种与室外环境（包括远处的长江江景）相融合的环境，是我们需要考虑的首要问题。这也包含了业主选址在这里的原因——希望重庆喜爱啤酒的人可以来到这里，享受如同室外一样自由惬意的环境，同时在室内和室外都可以欣赏到渝中半岛美丽又独特的天际线。

面向室外风景

大多数初到重庆的人，在面对如此独特又奇幻的城市地理空间的时候，有一种既兴奋又惋惜的感受。重庆的新建建筑（商场、住宅、综合体等）都是近乎直接照搬中国其他一线城市的建筑类型，原有的地形、景观，包括独特的城市气候都没有从建筑形式上得到回应和尊重。因此我们在这个项目里，引入了一套新的结构性语言，这套语言是对重庆独特山地空间的模拟。将原有受限制的空间地形化，整合进来更细微的家具尺度。这样的好处是既放大了原有的空间，又将老重庆人，同时也是一个自然人在老街区里更放松的身体状态（或卧、或躺、或蹲、或依靠）重新引回了现代生活的场景中。

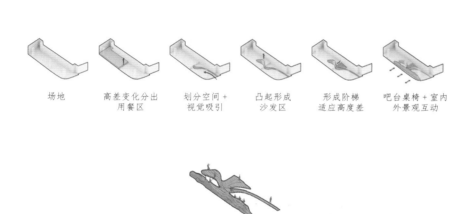

| 场地 | 高差变化分出
用餐区 | 划分空间＋
视觉吸引 | 凸起形成
沙发区 | 形成阶梯
适应高度差 | 吧台桌椅＋室内
外景观互动 |

装置与人体
关系

这套既可以称作地形，也可以称作景观，还可叫作家具的设计，包含了对入口视线的引导、空间区域的划分、还包括了吧台的脚蹬、可以摩挲的微型把件以及大型的木质沙发，等等。整个造型采用纯实木电脑数控机床雕刻，从设计师的电脑到加工厂预制，

最后在现场直接拼装，提高了造型的完成度，也大大节省了现场手工制作的时间。 这些实木经由重庆独特而又湿润的气候影响，局部或膨胀、或收缩，随着时间的积累，表面会呈现更丰富的木纹变化。我们期待它一年或者两年以后开裂，露出它更自然的木方堆积的效果，就好像我们在木材厂的堆料库里看到的那样震撼。人们会在它表面留下频繁使用的痕迹，这一切仿佛也暗合了啤酒在木桶内发酵的变化。

上：
既可以称作地形，也可以称作景观，还可以叫家具的设计
下：
作为啤酒吧台的装置

4. 您在木山酒吧这个项目中遇到最大的困难是什么?

好像没什么大的困难,可能最麻烦的是在有限的时间内找到能帮我们加工原木的加工坊。这个项目的设计核心实际上处理的就是空间的结构性问题。通俗点理解,就是对这种庸常的框架空间序列的打破。

5. 请您对这个项目进行简单的评价。

整个过程有类似在河边散步的感觉。这个项目为我们重新思考超高层等巨型结构提供了契机。作为对多米诺结构体系的反思,我们观察到现有的超高层设计只不过是单层结构的叠加,层与层之间只能做有限的联系。超高层不光内部是一个封闭的结构体,它与城市空间的关系也像是一个孤岛,就好像是纳西索斯(Narcissis),除了对自身的崇拜,拒绝一切交换的可能。所以我们用这样一种新的类地形结构代替了原有纯水平的楼板,让超高层在内部产生了一个全新的公共空间,并将之从屋顶花园、顶层住宅、中间的办公楼层直至底层的商业空间一直贯通。高层的效率与低层的舒适并存,标志性和开放性终于达成了和解。

6. 您觉得自己与室内设计师有什么区别或相似之处?

不同的专业背景在做设计的时候,立场、视野、价值判断都会不同,有学工艺美术出身的人做室内设计,也有摄影师转行做室内设计,还有学服装设计的人做室内设计,其实每个人都能做室内设计。没必要特别强调建筑师,因为本来室内设计就处于建筑学科的范畴内,只不过一般的室内设计案例涉及到的专业面比较少,无非是材料、灯光、水暖、电,所以有一点儿好品位的人都可以做。室内设计于我更像是建筑学思维在一个小范围内实践的延伸,也可以理解成我们每次都是在"杀鸡用牛刀"。

项目名称：反多米诺 02 号木山酒吧

项目地点：中国·重庆

设计单位：戴璞建筑事务所

竣工时间：2017 年

主创设计：戴璞设计团队（戴璞，龚澄莹，温世坤，曹慧，战宇，陈颖致）

建筑面积：100 平方米

占地面积：120 平方米

室外面积：200 平方米

空间摄影：吴清山

7. 建筑师在进行建筑设计的同时完成室内设计会为业主带来何种好处？

这样能让建筑师的空间整体概念贯彻到每一个细节里（光线和人在空间里的视线关系其实也决定后期该选什么风格和尺度的家具）。空间的概念和气质是一以贯之的，和谐的。不过前提得是这个空间的建筑师有比较强的主体性。另一个好处是，可以节能环保，节省造价，避免室内设计阶段对前一个空间结构阶段的大拆大改（至少可以节省每平方米几千元的拆改费用和设备修改费用）。我们现在做的很多改造项目，都是不得已要把之前很不好的空间重新进行梳理、贯通，重新与城市、公共空间、人文进行连接。每次做的时候都会感慨，为什么之前的建筑落成阶段不把这些问题考虑好呢？

8. 未来会转为专攻某一个方向吗？

我们目前在做越来越多的空间改造和纯室内设计项目，涉及的领域也越来越丰富，酒店、餐厅、办公空间、美术馆、展厅等。无论是作为公司运营考虑还是出于作品的积累，室内设计的项目都是很有趣的，比起建筑项目来，可以在一个更短的时间内输出我们的智力。

设计建筑是我们的本职工作，不光是实际项目，理论、竞赛我们都在做。

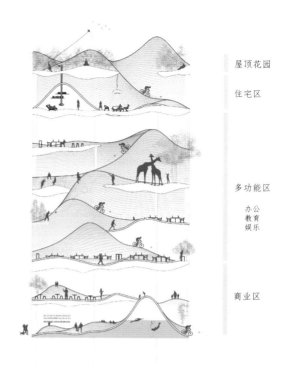

屋顶花园

住宅区

多功能区

办公
教育
娱乐

商业区

9. 您觉得为什么会出现建筑师去做室内设计这样的现象?

> 大时局决定的,但是如果建筑师都没活干要去做室内项目的时候,经过几十年,这个国家不光建筑,连带着整个设计行业都会衰退。因为学科的发展需要实践,如果没有足够的建筑学实践机会,只有商业的缝缝补补,这种情况下的国家设计力量必然是没法谈的。近20年以荷兰为代表的北欧设计为什么可以异军突起影响世界,就是政府在背后推动——荷兰政府会规定每年有多少个项目必须挑选40岁以下的独立建筑师来竞标——给了年轻设计师们大量的机会。

10. 您对即将进入室内设计领域的建筑师有什么建议?

> 就做吧,但是眼光还是保持开放、立体,也要尽可能地学习专攻室内设计的公司的软装优势。

上海米丈建筑设计事务所 /
卢志刚

▨ 上海米丈建筑设计事务所是一家
充满创新力的建筑设计事务所，具有
国家建设工程甲级资质。公司的建
筑师均毕业于国内著名高校建筑学专
业，同时拥有海外教育背景和丰富的
实践经验。事务所创作方向以办公、
文化建筑为主，已经在上海和全国各
地承接和实施了大量的高完成度建筑
设计项目。米丈建筑秉承创作有品性
的中国建筑原则，力求通过自身努
力，踏实地为中国本土建筑设计作做
贡献。

建筑师的室内设计更干脆

建筑和室内的界限并没有我们想得那么大，以后可能会更加融合，会统一到一个大的设计概念中，建筑师和室内设计师的职业身份定义，也会更加模糊。

1. 公司从什么时候开始做室内设计项目（包括连同建筑一起做的室内项目）的？目前为止一共做了多少个？

我们是从 2007 年开始做室内设计的。到目前为止，一共做了十几个，但基本上都是作为建筑设计的后续工作来完成的。项目都是一些公共空间，像办公室、学校、展览厅、观演建筑等。

2. 您做的第一个室内项目什么？完成情况如何？

我们做的第一个室内项目是无锡贝安公司总部办公楼，项目规模不是很大，所以我们从建筑设计到室内设计、家具的定制也是一起做的。这个项目的整体完成情况非常不错，还获得了上海建筑学会的建筑创作奖。

3. 您是在什么情况下接到这个项目的？

我们首先是做了建筑设计，和客户建立了比较好的沟通关系，双方的信任度非常高，所以客户乐于将设计从头到尾，一并交与我们负责，我们也乐于将一个设计从外到内贯彻到底，从而达到最初的设计构想。我认为室内设计和建筑设计不应该被硬性分为不同的专业，因为建筑设计在进行一些空间组织的时候，就已经将空间的氛围和效果考虑在内了。

4. 您最喜欢的室内项目是哪一个？

十二间山它是一个在既有建筑基础上进行的改造设计，总面积 750 平方米，是集合了活动、茶饮、餐食的综合文化体验中心。以王希孟《千里江山图》为引，在大型公共建筑的局部区域，形成一个独特的领地。

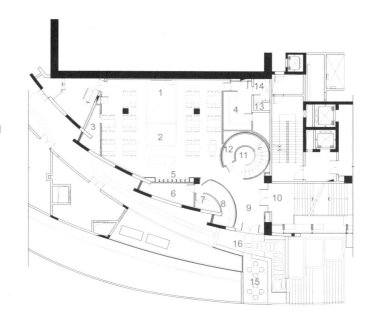

1. 固定木作展示台
2. 移动木作展示台
3. 音响控制室兼收纳间
4. 服务间
5. 展示柜
6. 木作仓库
7. 财务办公室
8. 收银台
9. 门厅
10. 通往剧场通道
11. 展示区
12. 储藏间
13. 配电间
14. 合用更衣室
15. 室外茶座
16. 茶室主入口

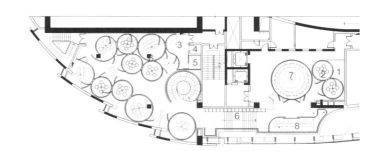

1. 小景观
2. 茶室
3. 服务间
4. 清洗间
5. 办公室
6. 展示柜
7. 茶庭
8. 茶轩

十二间山是集合了活动、茶饮、餐食
的综合文化体验中心

我们保留了原来建筑的空间秩序，植入了新的功能元素，这种功能元素以一种新的图景叠合在原来的秩序之上，形成了非常有趣的图像组合。新旧秩序之间的冲突与溶解是我们在设计当中非常重视的地方，这种溶解过程也是与原来建筑设计的一种和解过程。我们遵循的原则是"情理之中，意料之外"，在满足基本功能需求的基础上，创造一个充满惊喜的空间。原本消极的空间以新的形式叠合后，产生了新的魅力，达到了我们所追求的目的。

项目名称：十二间山
项目地点：中国·上海
设计单位：上海米丈建筑设计事务所
竣工时间：2017 年
主创设计：卢志刚
设计团队：李瑞寅，高山
建筑面积：750 平方米

5. 在十二间山项目中遇到最大的困难是什么？最有成就感的是什么？做建筑师的经历对于做这个项目有什么帮助？

做这个项目，遇到的最大问题是施工人员的专业水准，因为现在大量的施工队缺乏专业的训练和技能，所以做出来的东西往往有非常多的质量问题，有时连基本的合格标准都很难达到。简单地说，就是"活儿比较糙"，只有经过一次次不停地整改后，才勉强达到了设计的要求。最有成就感的也是这一方面荷兰政府会规定每年有多少个项目必须挑选 40 岁以下的独立建筑师来竞标——经过我们"不懈"地努力，让空间呈现出相对完整的效果。最终就方案的完成度来看，基本上达到 90%。建筑师更加关注建筑总体的大的效果，对于细节上的关注会少一些，但是恰巧对于在一些低水平的施工水准的情况下，关注大的完成度的效果，可能能够达到一个相对满意的结果。

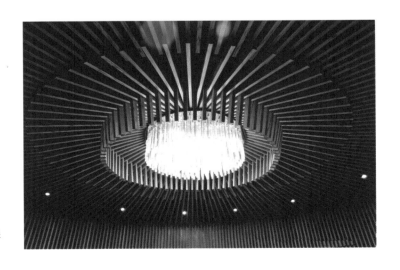

空间中体现了新旧秩序间的冲突

6. 请您对这个项目进行简单的评价。

这个项目大的空间体系和空间感觉还是做出来了，包括一些材料的处理方式，对我们建筑的整体性做了非常好的补充。遗憾的是，在一些细节的处理上，包括一些不同材料的过渡、最佳的安装方式等都会有些遗憾，原因还是我们前期的工作没有做细。

7. 您觉得自己与室内设计师有什么区别或相似之处？

和室内设计师相比，建筑师更加关注的是建筑的整体性，包括一些建筑元素和空间语言的连续性和逻辑性，而不会特别强调装饰性的语言。所以建筑师做的室内设计会比较直接、干脆，而室内设计师做的则可能装饰性比较强，比较婉转含蓄。

8. 未来还会继续坚持建筑室内一体化设计吗？

未来我们还是会坚持建筑室内一体化的做法，而不会考虑全面转型到室内设计，因为建筑师将建筑和室内总体考虑的方式，能够保证一个空间最好的完成度。

整个空间中都体现了
"山"的意象

左：
包厢强调私密性，让客
人能尽情地谈天说地
右：
空间集合了茶坊、沙龙、
私厨、赏物，四大功能

9. 您对即将进入室内设计领域的建筑师有什么建议？

对于要进入室内设计领域的建筑师来说，我觉得掌握更多的材料特性和细节的处理是非常关键的——对于细节的关注，会给设计带来很大的帮助。

10. 您觉得建筑师进军室内设计对行业有什么好处？

建筑师和室内设计师各有优势，建筑师尝试进入室内设计领域，也会给室内设计师带来一些新的触动和思考方式上的帮助，建筑师也会从室内设计师身上学到一些对于细节的处理和一些手法方面的东西，所以我觉得这是双方得益的事情。

上海华都建筑规划设计有限公司 /
张海翱

上海华都建筑规划设计有限公司（HDD）成立于2004年，拥有建设部颁发的建筑工程甲级资质、城乡规划乙级资质，是一家综合型设计公司。HDD旗下拥有上海华都建设工程项目管理有限公司、上海城道房地产顾问有限公司、《城市中国》杂志、城市研究中心等机构，为客户提供建设开发全程顾问服务。

我们的设计理念是『人间设计』

建筑的主体归根结底还是人，人不仅是建筑的使用者，也是文化的承载者，当人参与到建筑的全生命周期中去的时候，这个建筑学的意义就加上了人文的光辉。

1. 公司从什么时候开始做室内设计项目（包括连同建筑一起做的室内项目）的？目前为止一共做了多少个？

从 2015 年开始，一共有 7 个。

2. 您做的第一个室内项目是什么项目？完成情况如何？

第一个项目是名叫百变智居的 20 平方米的智能小家。通过创造性地使用上下移动楼板系统，在不同的标高上创造不同功能。结合 20 种不同的可变家具，在这个面积不足 20 平方米、层高 3.4 米的小空间创造出了 6 大居住模式：起居模式、健身模式、影院模式、书房模式、睡觉模式和多人居住模式。

技术核心是通过手机 app 预设控制的楼板系统，通过独创的丝杆螺旋体系，在平稳运行的同时保证断电自锁，自动悬停在任意位置的安全措施。丝杆是一种在工业领域广泛使用的构件，全球无数的丝杆和电机每天都在不间断地工作着。由于其独一无二的优越特点，非常适合家庭使用。直径 70 毫米的不锈钢丝杆与楼板的连接方式类似于螺母和螺丝，通过转动螺丝，螺母就会以字母 Z 的形式上下移动，一旦停止转动，螺母也就停止了。这种简单的机械原理从源头上确保了系统的断电自锁特性。同时通过四个传动杆与电机相连接，利用一台电机四驱的方式实现四个丝杆匀速等高度上下移动。丝杆采用无毒干燥的超细碳纤维颗粒作为主要轮滑媒介，整体移动实现匀速、安全、安静、平稳，全面满足各项设计指标。智能控制作为接入口，实现整体设备易用性。将限位信号转换为数字信号，二次接入 app 控制端口，通过 wifi，用户可以操作手机控制楼板的移动，通过预设的模式，全程一键"傻瓜控制"，无须任何学习成本。

作为目前世界首创的可移动楼板，该技术通过网络、电视和自媒体的传播受到了国内外的广泛关注。不仅戳中了国内高密度城市的痛点，同时也收到了来自新加坡、日本等的问询邮件。人类城市化的浪潮不可避免，在大城市生活的人们在追求自己梦想的同时却失去了优质的居住环境，作为建筑师，我们缺少的不是设计的空间，而是对空间的创新利用。我们希望这套系统可以为同行提供新的解决高密度人居环境的思路。

3. 您当初为什么会想到做这样的项目？

我们的设计理念是人间设计，希望可以满足三个普通：普通的人、普通的需求、普通的设计。

4. 您最喜欢的室内项目是哪一个？

2018 年完成的一栋公寓。项目位于上海市浦东新区凌兆新村，凌兆新村是三林镇中心地区 20 世纪 90 年代中期建设的老公房，本案位于老公房的一楼，面积约 48 平方米，附带小院，室内采光差。业主为母子二人，他们与 12 只猫及一条狗共同生活。设计旨在建立有序的"人宠高密度混居"模式，于是有了独特的"猫咪马赛公寓"。设计师为人类与动物设计生活与游戏空间，相互可见又互不干扰。同时合理地解决上海老公房底层的普遍性问题，如采光差和潮湿问题。在拥挤的都市中，生活总是要求人们放弃很多东西，同时人们又被欲望驱使着，追寻着更大的房子、更高的收入和可攀比的朋友圈，转而形成了焦虑的日常。但是在这个设计里，"48 平方米高密度人宠的优雅混居"，传达出这样一种态度：无论在何种困境里，利用已有的资源，通过合理设计都可以带来希望。

项目名称：猫咪马赛公寓
项目地点：中国·上海
设计单位：上海华都建筑规划设计有限公司
竣工时间：2018 年
主创设计：张海翔
建筑面积：48 平方米
空间摄影：苏圣亮，胡义杰

5. 您在"人宠混居"的项目中遇到最大的困难是什么？最有成就感的是什么？

项目将主人与宠物既合理分区又相互可见，同时拥有各自的空间与活动区域。项目的核心为"马赛公寓"，是引用了法国马赛公寓（1952年，勒·柯布西耶）的理论及思想。

宠物的主要区域为：过道的猫咪马赛公寓、院子中的两个阳光小屋。设计利用原有的过道划分出猫咪马赛公寓，在这个公寓中同时解决宠物的喂食、喝水、睡觉和游戏功能。结合猫咪的尺寸特别定制设计出的猫盒，满足猫咪的各种生理需求。东侧的阳光小屋提供主人为宠物制作食物的空间，西侧的阳光小屋则是狗狗休息及清洗的区域，通过一个小侧门与主人的主卧室直接相连。

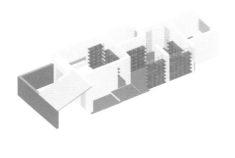
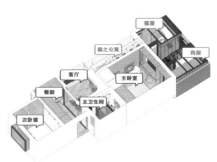
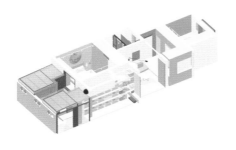

改造方案在确保原有结构完全不变的情况下，重新梳理功能与分区。入户后为一个开敞式厨房，结合橱柜下方的抽拉桌可以变化为餐厅。同时通过隐藏在橱柜中的三道移门可以完全将厨房与客厅进行分隔，形成一个封闭的厨房。客厅采用开放式设计，通过两个半圆拱开洞与主卧室和卫生间连接，风格简约。儿子的次卧室中设计有L形围合的工作台（考虑到其喜爱竞技类电脑游戏活动），通过与飘窗结合设计，使用者拥有一个超大的工作台面。同时设计1.5米宽的翻折床，在白天不使用的时候可以将其翻上，形成一个完整的工作室空间及会客区域。母亲的主卧室主要采用软装手法布置，风格轻松舒适，靠窗设置一个一体化的梳妆台，暗藏可打开的镜子，同时通过暗门与狗屋相连，其他家具采用高品质成品家具，床下设置储物盒。卫生间采用干湿分离，通过玻璃砖隔开两个区域。浴缸为按摩浴缸，同时提供淋浴的功能。原有院子被重新设计，命名为"一米小院"，地面铺设瓦片，设置白色砂石及艺术作品，原有院墙的花窗被保留下来，以体现年代感。

上：
亚克力猫咪公寓，人在客厅中可以看到猫咪，猫通过半透明的材质也可以看到主人
下左：
入口玄关顶部设置有一个圆拱
下右：
客厅结合开放式厨房一体化设计，扩大了原有的客厅空间

6. 请您对这个项目进行简单的评价。

由于原有老公房的各种梁与承重墙等不利因素存在，在安全第一的前提下，不仅不拆除原有结构，同时还对其进行现代技术条件下的加固，对业主及其他居民负责。设计把不利因素变为特色，通过不断变化的圆弧拱券，形成了富有特色的天花板吊顶空间，烘托了别具一格的空间氛围。

上左：
狭长的卫生间通体刷蓝，视觉上清爽明亮，虽然空间小，但还是做了干湿分离，中间用推拉门相隔
上右：
在猫屋和狗屋之间是"一米小院"
下左：
客厅通过黄色的丝带游走于天花板上，强调整体的弧线感觉
下右：
不断变化的圆弧拱券

7. 作为建筑师，您是如何看待"软装"这个概念的？猫咪马赛公寓这个项目里有没有考虑软装？

如果说硬装赋予设计灵魂，那么软装就是赋予其骨肉。由于猫咪马赛公寓属于小户型，所以设计中我们主要采用造作的软装系列，尽量采用色彩明快的小型家具，赋予空间灵动的感觉。

8. 建筑师如果在进行建筑设计的同时完成室内设计会为业主带来何种机遇与好处？

建筑师在完成建筑设计的同时也负责室内空间的设计，即可称作一体化的设计，这样的话可以从内到外给业主带来一种整体而流畅的设计体验，同时也能保持空间内外设计语言的完整性。

9. 您未来会重点向哪个领域发展？

凡是对老百姓有帮助的项目我们都会去尝试，这也是"人间设计"的诉求。

10. 您对即将进入室内设计领域的建筑师有什么建议？

室内设计应以人为本，很多时候，我们的设计需要解决老百姓的很多问题，要尽量多地去体验生活。

11. 您对室内设计这个领域有什么期待？

我的本职就是建筑师，我希望室内设计不应该是单纯的装饰，应当更多地反映建筑学本体的东西。

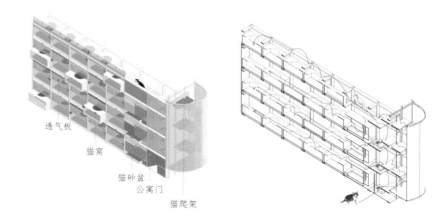

透气板

猫窝

猫砂盆

公寓门

猫爬架

上：
用光导管及反射材料引
入自然光线
下左：
宠物在内部空间的状态
下右：
猫咪公寓以经典的马赛
公寓为灵感，每层都有
独立的猫爬窝，上下层
通过圆筒猫架串联

第 三 章

建 筑 师 眼 中 的 未 来

B.L.U.E. 建筑设计事务所 /
青山周平（日本）

B.L.U.E. 建筑设计事务所成立于2014 年，由日本建筑师青山周平与藤井洋子共同创建于北京，是一所面向建筑以及建筑室内设计方向，充满年轻活力的国际化建筑事务所。B.L.U.E. 是 Beijing Laboratory for Urban Environment 的略称，同时也是事务所的核心设计哲学。以厚重历史与先锐思潮激烈碰撞的北京为中心，通过建筑、室内、产品、艺术等设计实践，实现对城市物理、社会、文化环境等方面的研究，寻求一个真正连接城市环境的设计平台。

作为建筑师，我做室内设计的时候还是用认知式的思维方式去做，比如说更多的是从社会问题出发，或者从城市问题出发，又或者有一些比较明确的主题。建筑师做的室内设计和室内设计师做的还是有一些区别，他的身份或者他的学术背景的不同，让设计师的作品也是有些区别吧。室内设计师对材质、颜色更敏感，而建筑师对空间和平面的概念更敏感，所以这还是有比较明显的差别。

1. 公司从什么时候开始做室内设计项目（包括连同建筑一起做的室内项目）的？目前为止一共做了多少个？

> 其实在日本，本来是没有特别明显的建筑设计和室内设计的界限，因为基本没有特别多的室内设计专业，所以很多室内设计都是建筑师去做，而且很多建筑师都是建筑和室内一起做的。所以我从成立自己的事务所之后，也没有特别设定这个界限。我从开始做工作室后一直做改造、室内设计这些项目，我们也不会只做建筑设计，如果我们做建筑设计的话，肯定需要跟室内设计一起，而不会让别的室内设计师去做。所以我们选项目的时候肯定会选建筑和室内可以一起做的。目前为止做了很多项目了，没有具体统计。

2. 您做的第一个室内项目在什么时间？什么项目？

> 工作室的第一个室内项目是 2014 年在北京西单的原麦山丘面包店。

3. 您在什么情况下接到的这个项目？

> 我是通过朋友认识原麦山丘的团队，然后他们那个时候正好有几个空间要设计，最重要的是它位于西单的君太商场里西单地铁口出来的位置。这个位置其实是北京人流量最多的地方，是人们去商场都要经过的。所以我觉得是这是挺好的一个项目，于是我们就去做了。

4. 您自己最喜欢的室内项目是哪一个？

就是北京白塔寺大杂院改造。我们改造了一个院子，使之成为一个小型的民宿，大概 250 平方米。这个是建筑改造和室内设计在一起做的项目。我觉得这个项目虽然很小，但是就完成度和现在维持的一个状态，还有使用状态等来讲，我觉得还是比较满意的一个作品。

这个项目位于北京二环里胡同，我们结合业态要求，试图在北京传统的四合院内中融入新时代的居住生活方式。

院落位于一个 Y 字形路口，相对难得地可以看到完整的两个沿街立面，院墙可以较为完整地展现在人们眼前，视觉上对院落整体有非常直观的感受。院内原本容纳了 8 户人家共同生活，为满足生活面积的需要，院内违建现象较为严重，形成了典型的大杂院格局，空间杂乱局促。因此，我们将院落中心位置加建的建筑拆除，还原出四合院的原始格局。

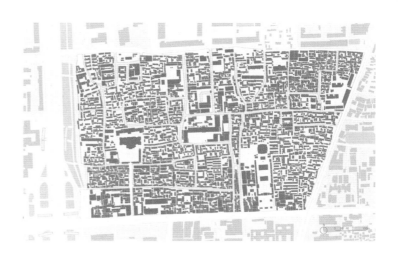

入口进门首先是一条笔直的廊道，右侧是对公众开放的咖啡馆，廊道尽头是内院的大门。院内共设计 6 间客房，建筑面积与功能布局各不相同。其中最小的房间为 20 平方米，最大的房间为 30 平方米。有 3 间是 loft 格局的小客房，另外 3 间为大客房。且在房间内部色调有所区分，3 间客房为浅色调，3 间客房为深色调。除客房外，其余室内空间均为公共空间，日常可作为展览空间使用。

1. 房间 1
2. 房间 2
3. 房间 3
4. 房间 4
5. 房间 5
6. 房间 6
7. 画廊
8. 咖啡馆 /
   接待区
9. 厨房
10. 员工间
11. 庭院

拆除加建建筑后，6 间客房及展览空间重新围合出一个方形庭院。在庭院南侧中心位置，我们使用拆除原有建筑而保留下来的旧青砖搭建了一座楼梯塔。顺"塔"盘旋而上，是展览空间的屋顶，经过结构加固之后作为屋顶露台。在大树的阴影之下，近可俯瞰整座院落，远可眺望妙应寺白塔，而展现传统建筑群体魅力的连绵起伏的屋顶立面也尽在眼前。

左：
入口进门首先是一条
笔直的廊道
右：
廊道右侧是对公众开
放的咖啡馆

上：
鸟瞰庭院
中：
楼梯塔
下左：
设计师利用传统建筑的屋顶空间
把房间做成 loft 格局
下右：
阁楼卧室

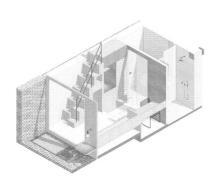

一、解决老宅的痛点

建筑改造类项目首要解决的问题是原始条件不足。大杂院改造同样如此。根据以下几个现状特点，我们采取了相应的解决措施。

问题 1：室内面积不足。根据设计任务要求，需要在有限条件下塑造出舒适的居住环境。我们采取竖向使用空间的方法，提高空间使用效率。局部下挖地面，并拆除原有天花板吊顶，利用传统建筑的屋顶空间做成 loft 格局。

问题 2：采光通风不足。我们几乎为每间客房都设计了屋顶天窗，大幅度增加采光。根据冬季采暖保温需要，天窗选用双层玻璃（平面玻璃顶使用三层中空玻璃）来降低导热效应。并在房间立面，每个客房门侧都做了开启窗的设计，辅助通风。

问题 3：采暖保温不足。除了在玻璃的使用中选取保温性能较好的材料之外，我们为全部室内地面铺设了地暖，作为冬季的主要采暖措施。

问题4：隔音不足。根据房屋的现状，为每个房间的隔墙增加隔音材料，在一定程度上解决了原本的砖墙隔音差的问题。

问题5. 卫生间搭建不规范。院中已有院厕，但未经任何处理，直接将生活污水排至市政管网。既有的宫门口二条胡同中的下水管道为雨污合流设计，如此夏季难免会有气味。我们在院内建造了标准的化粪池，将所有的卫生间内污水排至化粪池，经过处理后变为合格达标的生活污水，并用原有管路排至胡同内市政管道中。

二、空间记忆的传承

这个项目的设计逻辑是在现有条件下因地制宜，着重对现状材料的发掘与再利用。在改造过程中，不断出现的意外给设计带来了新的思路。跟随施工阶段的新的进展，设计也在不断地发生变化，由此也可称为"没有逻辑的逻辑"。

比如，将建筑的木结构脱漆处理之后，露出的原本的木色干净朴素，展现出古朴的气息，于是我们就保留

了木结构的本色。在做地面基础和院内排水时，在现状的地坪下约 1 米处挖出 7 块清代的条石。我们选取其中 4 块作为客房与院门门口的踏步石阶，重新赋予其新的功能。

原有建筑的旧的窗框我们予以保留，在不同的房间中重新组织利用，以使这座院落处处可见旧时的生活气息。予以保留的还有大量的青砖，我们使用这些老青砖搭建成庭院内中心位置的楼梯塔，其间点缀嵌入现代材料玻璃砖，这座"塔"就连接了院落的过去与未来，是空间记忆的传承。拆除的虽然是违建的建筑，但也是整个院落历史中不可或缺的一部分，更是城市记忆的一部分。

三、私密性与开放性

传统合院的建筑形式是一种较为私密的居住空间。杂院的居住特点是相对开放的，这种开放性加强了人与人之间的交流。我们希望在这个项目中，可以实现在城市公共空间与居住私密空间之中，建立一个可进行交流的、半私密半公共的空间。

我们将入口处的房间设计为咖啡馆，同时为内院的民宿提供接待功能。院落主入口采取向胡同开敞的设计，使廊道连同咖啡馆变成了城市空间的一部分。咖啡馆内仅有一张大桌子，民宿内的住客食用早餐时，当地的客人也可以来喝咖啡，大家一起坐在同一张桌前进行交流。

展览空间位于内院，可分时段对公众开放，也增加了院落与城市的交流。

在传统的星级酒店中，客房部分通常统一设计为彼此封闭的环境。我们想要打破这种封闭的氛围，所以在房间立面设计了大面积的落地玻璃，并将客房内看书、座谈功能区布置在窗边。这样除了增加采光，不同客房的客人也可以互相看到彼此，进行某种程度的交流。至于就寝空间、卫生间和浴室，则安排在了房间内侧或墙体后面，保证了生活的私密性。

上：
日常用作艺廊的公共空间
中：
公共咖啡馆
下：
深色调房间

胡同的居住环境特点，是人居环境和自然环境的有机结合。整座四合院分为 6 间客房，各自分室而居。我们尽力为每个独立的房间都营造出自然环境的体验。1、2 号房将一角的屋顶改造为玻璃屋顶，并种植绿色植物。在室内可时刻感受自然光线的变化，营造室外庭院的氛围。5、6 号房分别拥有真正的室外庭院，是属于客房独享的室外空间。

在胡同里，"树"和人们的生活环境有密切的互动。夏日炎炎，阳光被大树繁茂的枝叶遮挡在外，留下一隅阴凉。冬天树叶凋零，阳光穿过枝桠洒落院里，温暖明亮。人和树的关系是有机的。因此，院落内保留了一棵数十年的老槐树，延续了人和自然的关系，也维护了人与自然之间的微妙互动。

以往一些四合院的改造，更多注重在建筑外观的更新和建筑质量的提升上。但在老街区里，在胡同中，四合院建筑的改造不应仅仅停留在外观符号性的重塑，更重要的是保留生活的体验：和树一起生活的体验、在庭院生活的体验、开放的生活体验、和城市结合的生活体验……以及每个角落里属于这个城市的记忆。这些在外观看不到的部分，是四合院最独特的文化。

夜景鸟瞰

项目名称：北京白塔寺胡同大杂院改造项目

项目地点：中国·北京

设计单位：B.L.U.E. 建筑设计事务所

竣工时间：2017 年

主创设计：青山周平

建筑面积：215 平方米

空间摄影：夏至

主要材料（外墙）：青砖、黑胡桃木、透明双层夹胶玻璃、锈蚀钢板

屋顶：瓦、透明三层中空夹胶玻璃、防腐木地板

室内地面：深色石材、浅色石材、水磨石、旧木板、实木复合地板

室内墙面：白色涂料、灰色涂料、白橡木饰面、黑胡桃木饰面、旧木板、镀锌钢板、黑钢板、
　　　　　白色方形瓷砖、浅色水磨石、深色水磨石

家具材料：白橡木饰面、黑胡桃木饰面、白橡实木板、黑胡桃实木板、镀锌钢板、黑钢板

门材料：黑胡桃实木板、白色涂料、锈蚀钢板、青砖、透明双层夹胶玻璃

窗材料：透明双层夹胶玻璃、透明三层中空夹胶玻璃

5. 在这个项目中遇到的最大困难是什么？最有成就感的是什么？做建筑师的经历对于做这个项目有什么帮助？

因为这是老房子，所以我们做设计的时候，其实有很多无法预测的问题，比如天花板、地面没办法拆，所以里面是看不见的，开始做改造施工的时候，施工方会把天花板拆掉，这个时候才能看到里面的结构、高度、形式是什么样的，拆完之后，才能看到具体的尺寸。其实我们做改造的时候，很难有准确的尺寸、准确的空间的样子，但是比如我们在商场里做设计的时候，大部分都可以看到，而且会有 CAD 图纸，比较准确，我们可以按照这些图做设计，现场施工的时候不会有很大的出入。但是这种老房子没有图，我们要自己去量，量的时候也看不到后面的东西，所以后期开始施工之后，大量的设计要调整，也就是一边施工一边设计这样的感觉，这是这种老房子改造最难的地方。最有成就感的设计部分我觉得还是使用的状态，现在中国各地的人们和很多国外的客人来到这个院子里，在这个院子里认识新的朋友，进行交流。这个地方不仅仅是一个酒店，更是一个交流的地方，通过这个空间，人们可以认识很多人。因为这个院子是在北京的一个特别普通的胡同里面，所以人们在这里同时可以看到北京人生活的样子。

6. 您觉得这个项目有什么优势，又有什么遗憾？

这个项目其实有很多好的地方。因为我们已经做了很多这种老院的改造，也累积了很多经验。这种老房子都存在一些很基本的问题，比如冬天比较冷、阳光比较少、通风比较差、没有卫生间、空间比较小、隔音比较差。这些是基本的生活问题，那这些问题要怎么解决呢？我们是通过拼装、增加保温材料、增加卫生间等方法来解决的。其实这些都是很基本的东西，但是我们都做了基本的改造，这些看得见的改造让这个空间变得很舒服。再比如，到了冬天，我们改造的那个院子还是特别暖和、特别舒服，也有很多阳光。其实这跟审美没有关系，但是要把生活改造成现代人可以接受的样子。对我来讲，这跟北京老城区的更新有关系，它不仅仅是一个院子的改造，这种经验的累积、做法的累积是很多人可以运用到其他项目当中的，是可以结合在一起的。我觉得这些改造也是北京老城区更新的一个实验性的做法，有这样的价值在里面。另外一个优点是它的开放性，或者说共享概念的结合。它其实不是特别封闭的一个酒店，一般高端酒店都是很封闭的。但是我们的酒店是很开放的，玻璃用得比较多，如果打开窗帘，可以看见对面房间里的样子。所以这其实更多的是视线的交流。像咖啡厅一样的设计可以让住在里面的人认识更多的人，并在这个地方进行交流。略有遗憾的部分，我觉得可能是一些材质的部分吧，当然跟我最理想的状态有一些出入，但基本上没有什么太多的不一样，都是很细节的部分。比如说地面我们想用的老木板，现在这种老木板的质感跟我预计的还有我之前用过的老木板的感觉稍微差一点儿。

7. 您在做室内设计时，侧重点会有什么不同？

可能我的设计重点很多时候是在于人在里面的体验部分，或者跟社会、城市有关系，比如说我刚才讲了北京白塔寺大杂院的两个特点，一个是这个院子的改造不仅仅是这个院子单独的改造，而是北京老城区老房子改造的一个系统性研究的一部分。这种想法我觉得还是建筑师比较宏观的一种想法，而室内设计师可能就是单独考虑房间里面的设计，他们一般不会考虑城市更新的问题。但是我的角度还是将这个老房改造的室内设计和老城区的更新问题结合在一起，这应该是建筑师的视角。另外，就像刚才说的，我用玻璃进行布置的一些方式。其实我做设计的重点是里面的人的交流方式，不是说这个地方用玻璃就好看一点儿，也不是从审美的角度和材料的选择去思考，更多的是从实现、交流的问题去思考，这种角度也是建筑师的角度。室内设计师的重点可能更多的是审美、材料、质感、颜色。虽然不是所有的室内设计师都是这样，但是一般来讲是这样的。所以这个方面可能是建筑师和室内设计师的区别。但总体来讲，我觉得把建筑师和室内设计师的工作分开是没有意义的，因为他们本来就应该是互通的。

8. 未来是否还愿意接受室内设计项目？会不会考虑全面转型到室内设计领域？

我是不会这样想的，但是我觉将来肯定会有越来越多的建筑师去做室内设计，因为做建筑的机会越来越少——社会建设城市越来越成熟的时候，建筑师的工作越来越少，那他们的工作重点就会从新建大型的建筑慢慢变成改造或室内设计这样的项目。这几年很明显的，原来做建筑的设计师渐渐开始做室内设计，这是一个大的趋势。但我是不会只做室内设计的。我还是比较喜欢建筑和室内一起做。

9. 您认为建筑师在做室内设计时有没有什么障碍？

中国的建筑一般来讲体量比较大，建筑师其实很多时候更多的是去考虑规范、功能性的问题，很少有人会考虑室内设计的很细节的部分，因为室内设计涉及到很多，比如说材质、颜色、人体工学。以前这些问题都不需要建筑师去考虑，他们就是做一个很大的框架，然后由室内设计师做后面的调整。还有室内设计师要考虑很实际的人的生活方式的变化，这都是很敏感的东西。所以室内设计需要更细致一点儿。这也是有些建筑师不适合做室内设计师的原因。

10. 您是否赞同建筑师进军室内设计领域？

我肯定不会不赞同的，因为这是一个趋势。我也不反对这个趋势，但我觉得这种现象应该不会影响建筑师行业。

普罗建筑工作室 /
李汶翰

■ 普罗建筑工作室是一个跨尺度与无边界的设计研究团体，由常可、李汶翰创立于北京，并于 2017 年在上海设立分公司。普罗建筑没有固定的设计风格，而是专注每个项目独特的成立条件，通过策略化的项目方案策划与设计，探索新的空间任务和模式，从而将项目深层的动力挖掘出来，形成一种对原始环境的新的互文系统。普罗建筑是一个国际化的独立的创作型设计公司，是基于建筑与空间设计领域的"项目全过程解决方案"倡导者。

我们对建筑师做室内这件事情会始终保持热情并不断尝试，尤其是一些细部的做法，做室内可以完成到更加精细的程度，对整体的设计理念有更好的诠释。

1. 公司从什么时候开始做室内设计项目（包括连同建筑一起做的室内项目）的？目前为止一共做了多少个？

> 基本是从 2015 年开始，之前都是在做建筑设计项目。到目前为止，建成的大概有 9 个，在建的有 4 个。

2. 您做的第一个室内项目是什么？完成情况如何？

> 我们做的第一个室内项目是第五空间青年公寓，完成的进度很快，后来又做了 2 期的扩建，目前在运营中。

3. 您是在什么情况下接到的这个公寓项目？

> 因为之前一直都是在做建筑项目，对纯室内的项目都没有过涉及，而且这个项目也是通过朋友的推荐，又是个改造类的项目，也借由这个项目开始了室内和改造类项目的实践和思考。

4. 公司最有代表性的室内项目是哪一个？

> 对于我们来说，目前最有代表性的一个室内项目应该是留云草堂了。该项目的业主是许宏泉老师，他是位画家，也是个既会书法，又会写书，还擅长文学评论的文人。许宏泉老师希望将这个怀柔桥附近的厂房改造成他的工作室，同时，也是他未来的家。
>
> 通过和业主的交谈，我们明晰了工作室的基本功能，无非就是工作室、茶室、卧室、书房等典型的艺术家工作室的配置。在功能的需求上，业主点明了需要一个油画室，还需要一个国画室。两个分开的不同氛围和场景的画室。我们在这份独特的任务要求中，找到了我们的切入点：透视——这个典型的东西方绘画最大的不同之处。

上：
留云草堂外景
下：
庭院

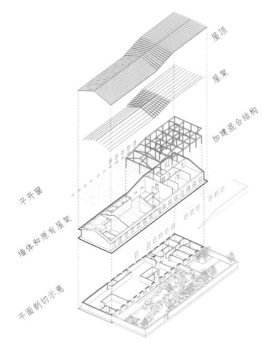

屋顶

屋架

加建混合结构

平开窗

墙体和原有屋架

平面剖切示意

顺着这个透视的线索，我们设计了一种嵌套式的生活场景，将人最基本的睡眠、饮食等生理需要放在中心位置，中间一层满足会客、展示等社交需要，最外面一层满足画家对艺术的追求需求。如果将这个心理空间关系直接投射到建筑空间的布局上，可以创造出一个嵌套递进的空间结构。通过房间角部的出口，人们可以从一个房间进入另一个房间。通过每个角部的开口，形成一条贯穿建筑的视觉通廊。因为这种嵌套式的平面布局，每一层的空间都包裹着另一层，到达一层空间需要穿越另一层空间，它们当中发生的事情都被另一层影响和观看，也同时彻底消灭了走廊的概念。

这种空间不免让人联想到传统水墨画中的场景，如宋朝画家周文矩的《重屏会棋图》，四个男性围成一圈下棋或观弈，在他们后方有一扇屏风，屏风中又画着一个人在一扇屏风前的榻上被几个人服侍。而这一扇屏风上的透视角度使人看起来就和前方会棋的几人处在一个空间内，使人难以分辨屏风到底是一幅画还是另一个空间的开口。有趣的是，这幅《重屏会棋图》最初也是裱在一扇屏风上面。这样就形成了画中之画，框中之框的三层嵌套关系，无法分清哪个是真实空间，哪个是再现的想象空间，形成了"重屏"的效果。我们的这种空间布局也是意欲再现这种"重屏"之境。

夜景

项目名称：留云草堂
项目地点：中国·北京
设计单位：普罗建筑工作室
竣工时间：2016 年
主创设计：李汶翰，常可
设计团队：张昊，赵建伟，谢东方，崔岚
建筑面积：800 平方米
空间摄影：孙海霆

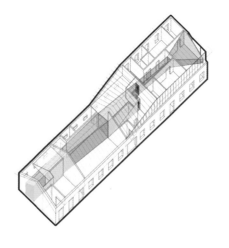

5. 您在项目中遇到最大的困难是什么?

做这个项目最大的困难是业主是个艺术家,会有很多自己的想法,并且他有很多自己创作的画作和收藏的艺术品要结合进去,但是后来也是因此擦出了很多火花,整体的设计呈现出了很好的效果。

做这个项目最大的体会是要想做好项目,还是要多和业主沟通,而不是把这个过程当成一种负担,因为设计本身就是一个交流互动的创作过程。

6. 作为建筑师,您如何看待软装这个概念? 留云草堂这个项目里,有没有考虑过用软装?

软装是实现设计理念的部分之一,由于家具是可移动的,所以它们会随着空间和时间的改变而改变,这属于设计中的不可控因素,也许会影响设计效果,但不见得是坏事,算一个很有意思的事。

留云草堂项目里,我们基本没考虑软装,这部分完全是业主自己来控制,业主自己收藏了很多古董家具,正好作为软装的一部分,摆放在空间内。由于业主本身审美水平很高,装饰完成后实际效果还不错。

左:
工作室展厅
右:
递进的空间

7. 这个项目有没有达到您预期的效果？

这个项目整体还是达到了我们预期的效果，尤其是屋顶和室内空间，做出了比较理想的画家工作室的氛围。比较遗憾的是室外的园林是甲方自己的想法，我们没有参与。

8. 您觉得自己与室内设计师有什么区别或相似之处？

作为建筑师，我们做室内会综合多个知识体系来组织设计理念，更多的是期望和建筑整体及环境相结合的角度去考虑，而不是突出室内设计本身。

9. 建筑师在进行建筑设计的同时完成室内设计会为业主带来何种好处？

主要有两个方面：一个是在整体设计效果上更完整、更有保障，因为统一考虑了建筑与室内，这两方面共同作用，对实现空间与立面感受上更有力，尤其是在业主如果对审美要求较高的情况下；另一个是节省了业主的成本、时间、精力等，因为业主对接的设计方由两个变成了一个。

10. 未来还会继续尝试室内设计项目吗？

有好的发挥空间的项目肯定会继续尝试，并且正在进行中的项目大多是建筑室内一体化设计的，但是应该不会转型到室内设计领域。

11. 您对即将进入室内设计领域的建筑师有什么建议？

大胆去尝试吧，室内设计大有可为，比如前面提到的，把从前积累的多个知识体系运用到设计理念之中，把室内设计与建筑整体及环境相结合去考虑，发挥我们建筑师把握整体的优势，弥补传统室内设计只考虑局部的劣势，我相信这对于室内设计领域是一个很好的补充。

同时在做室内设计的时候要把握好对待业主观点的尺度，要时刻谨记作为设计师的思考独立性，比如在表达设计概念时要更多地引导客户，而不是一味地妥协；在实施设计效果的施工阶段，要监督施工方按照细部大样图纸施工，保证方案落地的完整性，这样才能做出好作品。

12. 您认为建筑室内一体化设计会是未来的趋势吗？

这应该是一种大的趋势吧，而且热度应该会持续上涨。相信越来越多的建筑室内一体化设计趋势会让整体设计市场更健康，让城市和乡村更美好。

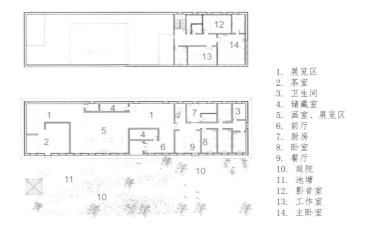

1. 展览区
2. 茶室
3. 卫生间
4. 储藏室
5. 画室、展览区
6. 前厅
7. 厨房
8. 卧室
9. 餐厅
10. 庭院
11. 池塘
12. 影音室
13. 工作室
14. 主卧室

立木设计研究室 /
刘津瑞

■ 立木设计研究室在 2013 年创立于中国上海，作为新锐建筑事务所之一，它致力于在中国城市的异质混合的状态中寻找突破和灵感，同时提供具有时代精神和东方气质的建筑解决方案。

设计理念立足于当代都市，而最终将以超越的姿态为人们提供更优质的生活体验和空间媒介。

设计内容的边界将会更模糊

在实践中去探索室内设计方法，可能就会发现在建筑设计和室内设计之间并没有很清晰的边界，在建筑、室内、景观、结构、照明等领域的涉猎和积累对建筑师还是非常有意义的。

1. 公司从什么时候开始做室内设计项目？目前为止一共做了多少个？

2017 年我们受邀参加东方卫视《生活改造家》，做了"四胞胎的跑道之家"这个项目，又在《梦想改造家》的节目上做了"十三步走完的家"这个项目。目前为止，我们一共设计了 10 个室内项目，其中已经建成完工的有 4 个。

2. 您做的第一个室内项目是什么？完成情况如何？

第一个室内项目是"四胞胎的跑道之家"。这是东方卫视《生活改造家》节目第一季第七期的内容，我们是在机缘巧合下接到了节目组的邀请，此前也完全没有接触过"家"的改造，并且设计时间和施工预算非常紧张（设计加上施工不到一个月）。第一次拜访完"东方明珠"四胞胎一家后，我想其实可以不用拘泥于建筑设计或者是室内设计的边界，重要的是解决问题并且塑造动人的空间，于是我决定接受这个挑战。

一条酷似黄浦江的空气跑道串联起原先孤立消极的空间

在这个项目中遇到的最大困难就是设计与施工周期过短，导致扩初设计和现场施工基本是同步进行的。最有成就感的是这个项目施工期间，我每天都会去现场，风雨无阻。做建筑师的经历让我不知道正统的室内设计师到底是怎么工作的，不过没有套路局限我，反而更能专注于空间本身。

改造前平面图

1. 厨房
2. 父母卧室
3. 入口
4. 餐厅
5. 客厅
6. 卫生间
7. 女孩床
8. 男孩床
9. 阳台

改造后平面图

1. 厨房
2. 男孩卧室
3. 玄关
4. 客厅、活动室
5. 餐厅
6. 卫生间
7. 父母卧室
8. 女孩卧室
9. 阳台

3. 这个项目最终呈现的效果怎么样?

我觉得最后呈现出来的空间还是比较温柔和有趣的，后来屋主在居住中也给出了较好的反馈。地面上的明黄色跑道可能是大家印象比较深刻的点，因为造价有限，所以我们选择了 PVC 材料，很适合整天蹦蹦跳跳的四个娃儿。

比较遗憾的点是最终成果呈现出来之后，很多朋友提到了父母卧室的隔音和隐私问题。因为四胞胎一家的居住情况可能比节目中呈现的更加复杂，除四个娃居住的主卧外，次卧有亲戚 (一人) 寄住，而爸爸妈妈住在客厅。我们把这个寄住床位调整到客厅，而给了爸爸妈妈相对独立的房间 (PVC 拉帘)，虽然相对于改造前的隐私状况是有所提升的，但可能有更好的建筑材料和设计方案，这也是我觉得当时考虑不太充分的地方。

从阳台看室内，打造流动的空间

4. 公司最有代表性的室内项目是哪一个?

最具有代表性的可能是我们自己的办公室改造,因为在这个项目里,我设计了两条带——"逻辑带"和"魔力带",刚好隐喻我们(立木设计研究室)的设计理念:逻辑 & 魔力,即追随逻辑,创造魔力!

改造前的房屋呈"一"字长条形,两室无厅外加一个幽暗的小天井,东西面宽 3.3 米,南北进深 20 米。采光通风很不理想,空间尺度也非常狭窄,很难将这样的"老破小"和时尚先锋的工作室联系在一起。

镜面不锈钢旋涡形态生成分析

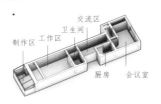

工作室由民居户型改造而成,根据功能需求对北侧卧室、玄关、厨房等空间重新打通梳理,得到基础框架关系

制作区　工作区　卫生间　交流区　厨房　会议室

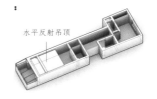

水平反射吊顶

由于房间进深过大,因此室内采光较差,在吊顶加入反光装置,希望能增加室内的采光量

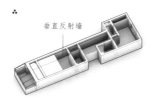

垂直反射墙

我们将这样的反光装置定义为工作室的"魔力带",并将屋顶和侧墙融为一体,使光线经多次反射后进入深处

扭转反射带

采用扭转方式将吊顶和侧墙以一条完整的纸条模式融为一体,实现形式元素的统一

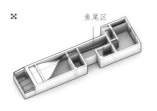

鱼尾区

在工作室的洽谈区,我们减少反射材料的面积,并呈现逐渐收缩的鱼尾形状

流畅扭转体

同时工作室前区吊顶的一角延伸并落地,呈现出一个由地面到屋顶,再到腰间高度的流畅扭转体

吧台

支撑部分截面由直变曲,加强抗变形强度,洽谈区鱼尾处凸出,可以作为接待、休闲使用吧台

后退和凸出

将工作桌与洽谈桌椅置入魔力带空间下方,可以看出魔力带与功能活动区的对话关系

对于改造前室内的最大问题"长"和"暗"，无论是分隔以变短还是开灯使变亮都显得不够自然。保留住长条形空间的独特体验并优化空间尺度，同时尽可能增加室内自然光线的反射才是解决之道。

怎样才能将底层室外的珍贵阳光尽可能多地反射到室内？

怎样才能避免直接反射给办公区域带来的眩光？

怎样才能使单调狭长的走道变得灵动富有趣味？

呼之欲出的解决之道是一片扭转的镜面不锈钢桥，一道灿烂的银色旋涡！

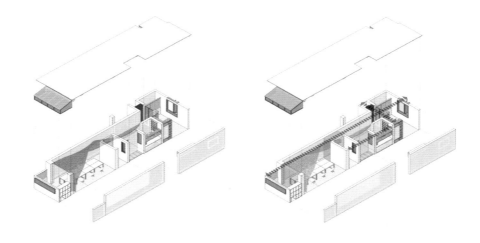

左：
扭转的镜面不锈钢装置激活整个室内空间
右：
置入镜桥装置

扭转的金属面使得光线在室内多次反射，增加照度的同时也创造出时光隧道般的魔幻体验。与此同时，开放式的工作区令南北两侧的窗口得以彼此相望，对穿的气流显著提升了室内环境舒适度。在确定了"镜桥"的设计方向之后，一系列的结构研究优化了不锈钢自身的建构逻辑，落地部分支撑的形式和其形态自身的张力在一定程度上减轻了施工的难度。

立木工作室的改造正是上海4亿平方米存量住宅转变的一个缩影，虽然面积小，但依然可以如燎原的星星之火，点亮平凡生活里的浪漫诗意。

上：
时空隧道般的"银色旋涡"办公区

下：
串联南北的镜面不锈钢旋涡"魔力带"

项目名称：立木工作室改造

项目地点：中国·上海

设计单位：立木设计研究室

竣工时间：2018 年

主创设计：刘津瑞，郭岚，冯琼

设计团队：张恩东，王祥，郭乾，黄翰仪，焦昕宇，冯菲，
　　　　　关博隆，朱嗣君，汤璇，罗迪

建筑面积：70 平方米

空间摄影：胡义杰

5. 您觉得自己与室内设计师有什么区别或相似之处?

区别可能是相比于室内设计师,我更加关注人们的活动、行为和互动方式——这些与空间更加相关的问题。相似之处大概是不管建筑师还是室内设计师,都会希望做一些自己没有做过的尝试吧,设计是在特定环境和需求下的态度表达,所以也不会拘泥于固定的风格。

6. 未来是否还会接受更有挑战性的室内设计项目?

改造类项目经常容易从建筑做到景观和室内设计,甚至会包括一些运营策划的内容,所以我还是挺愿意接受比较有挑战的室内设计项目的。

7. 您是否赞同建筑和室内设计间的这种交流?

我非常赞同这样的跨界和交流,这样会为建筑设计和室内设计都带来一些新的东西,无论是好的还是坏的,我认为只要有新变化就是值得去鼓励的。我觉得行业发展会向更加多元和更加细分两方面发展,一方面是设计师的设计内容、对象、风格之间的边界会更加模糊,会有越来越有意思的跨界出现,另一方面是会出现更多专业细分,比如我最近接触到的一个专门做商业交互的室内设计团队,他们把大数据、人工智能等融合在设计中,呈现出的作品在各方面具有很强的专业度。

建筑营设计工作室 /
韩文强

建筑营设计工作室（ARCH-STUDIO）在 2010 年创立于北京 798 艺术区，目前设计团队保持在 10 人左右。建筑营通过一系列建筑、室内、景观、家具的设计实践介入到当代快速变化的物质环境之中，在现实与自然、历史、社会的关联中寻找恰当的平衡点，创造富于时代精神和人文品质的空间环境。

不要纠结身份定义

这是一个万物互联的时代，传统的行业定义早就不重要了。

1. 公司从什么时候开始做室内设计项目？目前为止一共做了多少个？

应该说室内项目一直都是工作室业务中的重要部分。我们的第一个项目是一座四合院里的住宅，就是包括建筑、室内、景观的一体化设计。目前工作室所接的项目包括中小型建筑、旧建筑改造和室内设计三块内容。室内设计的具体数量已经记不清了。

2. 你们是在什么时候做的第一个室内项目？什么项目？完成情况如何？

2010 年，天井住宅。完成得还算顺利。

3. 您是在什么情形下接到的这个项目？

业主在一个偶然的机会下找到我们，他需要一个有趣的住宅。为此，我们围绕庭院展开设计思路，与传统四合院的空间原理一样，用多样的庭院带来居住的乐趣。

4. 您最喜欢的室内项目是哪一个？

保利 We Do 儿童教育（达美中心店）。

这是建筑营为保利 We Do 艺术教育机构设计的第二家儿童教学空间，地点在北京市达美中心商场的二层。该机构主要教授孩子音乐、舞蹈以及茶艺、厨艺、手工等课程，空间设计需要为上述需求提供适合的教学场地。我们受到传统园林中叠石假山的启发，制造了一组层叠错落的"假山"，可以让孩子们在这里尽情地嬉戏。

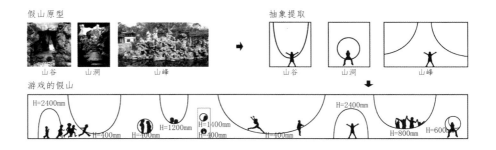

假山原型　　　　　　　　　　　　　　　　抽象提取

山谷　　山洞　　　　山峰　　　　　　　　山谷　　　　山洞　　　　　山峰

游戏的假山

原建筑空间平面呈 L 形，入口位于尽端一侧，由外向内的流线比较长。设计采用连续的弧形墙面挤压出一条曲折迂回的走廊，打破传统直线走廊的枯燥乏味，激发孩子们探索的欲望。弧形墙面分别划分出音乐教室、接待区、厨艺区、茶艺室、娱乐区等。一系列正反拱形洞口进一步改变了各个区域之间的虚实关系，制造了层叠交错的视觉趣味。当孩子们身处于走廊之中，就能感受到这里有时是幽暗封闭的山谷，有时是开放高耸的山巅，有时则是只能容下两个孩子的山洞。音乐教室由弧形玻璃密闭起来，既保证了隔音的需求，又可实现开放的教学环境。茶艺区与厨艺区由反拱形的墙面分隔，墙面就是让孩子跨越、休憩、玩耍的道具。手工区处在走廊的转角处，孩子们可以围坐在一棵树下做手工。九个钢琴私教教室排布在走廊两侧，每个都被设计成一个山洞，而拱形墙面则有利于混音，可以保证教室的声学品质。走廊基本由木色包裹，部分墙面为镜面不锈钢，材料的反射可以增加空间的进深，以提升材料体验的趣味性。

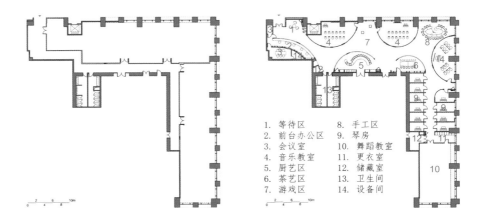

1. 等待区　　8. 手工区
2. 前台办公区　9. 琴房
3. 会议室　　10. 舞蹈教室
4. 音乐教室　11. 更衣室
5. 厨艺区　　12. 储藏室
6. 茶艺区　　13. 卫生间
7. 游戏区　　14. 设备间

走廊的尽头为舞蹈教室，该设计将其定位为一个与木色空间形成对比的"室外空间"。建筑原本的结构管线全部裸露在外，地面铺设的灰色地胶在临窗的地方蜷曲成座椅。通透的落地玻璃、落地舞蹈镜与室外街边的树木掩映成趣，使室内外的场景连接自然。

上：
连续的弧形墙面挤压出
一条曲折迂回的走廊
下左：
每个钢琴教室都被设计
成一个山洞
下右：
舞蹈教室是与木色空间
形成对比的"室外空间"

项目名称：游戏的假山
保利 We Do 艺术教育机构（达美分校）
项目地点：中国·北京
设计单位：建筑营设计工作室
竣工时间：2017 年
设计团队：韩文强、宋慧中、李云涛
建筑面积：770 平方米
空间摄影：王宁

前台接待区

5. 作为建筑师，你是如何看待软装这个概念的？保利 We Do 儿童教育这个项目里，有没有考虑软装？

软装设计是空间、功能、使用体验进一步深化、细化的过程。我认为软装最重要的是要恰当，不应该过度设计。儿童教育空间中的灯具、家具、窗帘甚至手工区的那棵枯树都属于软装范畴。软装应该是与空间同步进行设计的。

6. 作为建筑师，您是如何在室内设计中把控细节的？比如色彩搭配、家具选择、灯光效果等。

> 细节服务于整体，不必过于凸显。在儿童教育空间这个项目中，细节设计主要是隐藏一些干扰因素。空调、消防、照明以及各种设备都需要合理地隐藏于空间界面之内。跟儿童身体尺度密切相关的空间部分（比如地面、台面、家具、门窗、把手等）要注意尺度，还要注意材料的使用及所选的工艺，以保证安全。

7. 在做这个项目中遇到最大的困难是什么？最有成就感的是什么？

> 并没有什么特别的困难，因为设计师的工作就是要在各种限制中找到最好的解决办法。成就感就是当项目完成后，看到孩子们在空间内快乐地奔跑、玩耍。空间能够成为欢乐的生活处所就足够了。我们喜欢在室内设计之中更多地依靠空间，而不是界面装饰来解决问题。

8. 请对这个项目进行简单的评价。

> 还算顺利。

9. 您觉得自己与室内设计师有什么区别或相似之处？

> 空间设计本质上都是创造一种有意义、有感受力的环境。我不认为建筑师和室内设计师有什么区别，可能只是侧重点不同罢了。

10. 未来还会继续涉足其他领域吗？

我喜欢在多领域进行尝试，我们最近刚完成了一个家具的设计。

11. 您对即将进入室内设计领域的建筑师有什么建议？

不要纠结于身份定义，坚持自己的内心就好。

12. 您是如何看待建筑师进军室内设计领域的？

这两者本来就是一回事。事实上，任何领域都需要有不同的观点和
思想，这样才能保持活力。如果跨界交互能带来新观点、新内容、
新技术，最终给人们带来更好的生活，那么，为什不这样做呢？我
想这也是未来社会发展的必然选择。

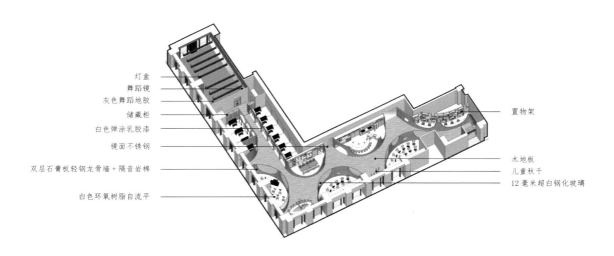

灯盒
舞蹈镜
灰色舞蹈地胶
储藏柜
白色弹涂乳胶漆
镜面不锈钢
双层石膏板轻钢龙骨墙＋隔音岩棉
白色环氧树脂自流平

置物架

木地板
儿童秋千
12毫米超白钢化玻璃

堤由匡建筑设计工作室 /
堤由匡（日本）

▓ 堤由匡（TSUTSUMI Yoshimasa）
于 1978 年生于日本福冈县。2003 年
在东京大学建筑系毕业。此后就职于
北京 SAKO 建筑设计工社。2007 年
任 SAKO 建筑设计工社的设计室长。
2009 年在北京建立堤由匡建筑设计
工作室 。

建筑师应该更注重时间线

除了优秀设计师之外，大部分室内设计师和业主只看现在的一个时间「点」，虽然未来不能预测，但建筑师应该考虑从过去到未来的时间「线」。

1. 公司从什么时候开始做室内设计项目（包括连同建筑一起做的室内项目）？
目前为止一共做了多少个？

        我们在公司建立初期就已经开始做室内项目了。目前做了10个左右。

2. 做的第一个室内项目是哪一个？ 是在什么情况下开始的？

        第一个项目是2009年的一个舞蹈教室，是通过朋友的介绍接到的。
当时是在公司创立的初期，还没有太多大规模项目，所以即使是小
项目也想尝试一下。

3. 您最喜欢的（或最有代表性的）室内项目是哪一个？

        最喜欢的还是我们的第一个室内项目，一个位于北京的舞蹈教室。
这个舞蹈教室只有65平方米。在做设计之前，我想，在舞蹈教室里，
舞者除了需要借助镜子来确认自己的舞蹈动作是否准确以外，地面
的材质也很关键，反过来说，除了地面，舞者不会意识到其他元素。

只强调地面，其他要素
都模糊

闭上眼睛，我的脑海中浮现出了一个突出地面效果的白色空间，于是我想到了雾。

工作室的地面使用了纹理清晰的木材，镜子以外的一切都被做成了白色，以此来突出和强化地面。镜面用白色陶瓷涂料涂成点状图形来呈现层次感，让地面与墙壁达到自然融合的效果。

镜子表面涂有白色
渐变小圆点

随着旋律响起，舞者在这个空间中翩翩起舞，继而旋转、起跳，一切都变得若隐若现，整体融化在一片朦胧的白雾中，恍若仙境，让人忘却尘世间的烦恼。这正是我想要表达的。

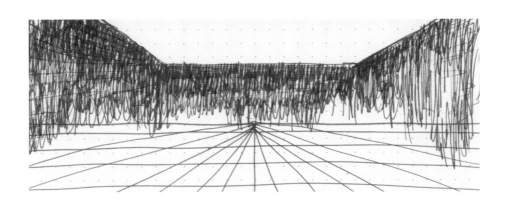

4. 作为建筑师，在设计室内空间时会有什么特别的入手点？

我们建筑师做室内设计会考虑空间的深厚感，而不仅仅是进行表面的处理。接室内设计项目的时候，我会先研究有没有把空间做出深厚感的可能性。

5. 在做这个项目的过程中有什么成功的经验？

虽然是小空间，但是成功做出了大空间感。在细节处理上，如果是现在，我们的设计会更细一些。

6. 您觉得自己与室内设计师有什么区别或相似之处？

室内设计师关注表面，建筑师关注空间。但是，也有具有空间感的室内设计师，也有只关注表面的建筑师。

我感觉，最大的区别好像是在时间概念上，而不是在空间或表面等物质概念上。

室内设计和施工的速度都很快，如果建材受到了破坏或被弄脏，又或者业主厌倦了原来的设计风格，都可以随时改造。尤其是商业设计的，更使当初的室内设计在几年后便不复存在。并且这种改变的速度越来越快，大部分室内设计师和业主关注微

舞者翩翩起舞。

项目名称："雾中之舞"舞蹈工作室
项目地点：中国·北京市
设计单位：堤由匡建筑设计工作室
竣工时间：2012 年
建筑面积：65 平方米
空间摄影：广松美佐江（北京锐景摄影）

信、facebook、twitter 上其他人分享的案例。建筑设计也一样处在变化中，大家不是在项目的地点对作品展开评价，而是通过照片做出判断。但那是真正的建筑吗？对建筑真正的评价不能只依靠手机上的照片。而且建筑的寿命非常长，一个前卫的项目竣工时，无论怎么吸引眼球，如果十年后大家都不喜欢，就不能叫好建筑。去年在微信上吸引大家目光的项目今年我们会记得几个？建筑在"理念上"的寿命越来越短，好像建筑是在室内化。

所以在做室内设计的时候我会特别关注时间概念，我会更加注重 50 年后这个室内设计是不是依然能保持力量。

7. 建筑师在进行建筑设计的同时完成室内设计会为业主带来何种好处？

如果设计师只做室内，业主控制不了主要平面功能，但是如果同步进行建筑和室内设计就可按业主的要求，变更建筑本身的设计，使设计更开放、自由，而且能提升业主的生活品质。

8. 未来是否还愿意接受室内设计项目，会不会考虑全面转型到室内设计领域？

我们是以设计建筑为主，如果有可能做到有空间感的室内设计作品，我愿意接。

9. 您对即将进入室内设计领域的建筑师有什么建议？

坚持自己的哲学，别模仿著名室内设计师的作品。

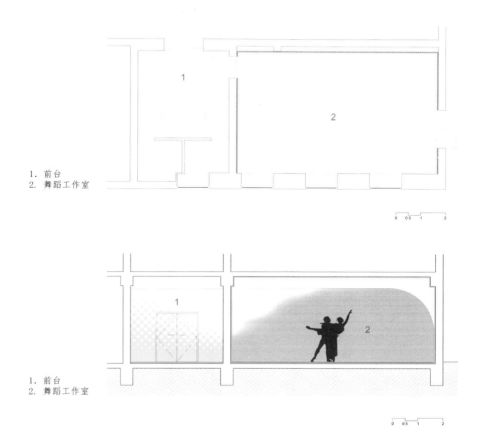

1. 前台
2. 舞蹈工作室

1. 前台
2. 舞蹈工作室

10. 您认为建筑设计和室内设计是什么关系？

我一直不明白大家为什么把室内设计和建筑设计分开，这本来就是一个行业吧？米开朗基罗、柯布西耶都是建筑与室内一起设计。卡洛·帕斯卡的作品大部分是室内，但大家都认为他是建筑大师。日本建筑文化也一样，不管传统风格还是现代风格，一个设计师都是建筑和室内一起设计，有的时候家具也由他来设计。从事这个行业的人，都是受过建筑教育的人。在日本的大学里，有几个美术大学有环境设计学部，那里会教室内设计，建筑学科大部分还是属于工学部，我自己也没有专门学习室内设计，但我做的室内项目也是秉承着与做建筑一样的思想。

第 四 章

海 外 事 务 所 带 给 我 们 的 启 发

UNStudio/
UNStudio 团队（荷兰）

▓ UNStudio 由本·范·伯克尔（Ben van Berkel）与卡洛琳·博斯（Caroline Bos）于 1988 年创办，是一家国际建筑设计事务所，专业含盖建筑、城市规划、基础设施、室内及产品设计，办事处分别位于阿姆斯特丹、上海、香港和法兰克福。UNStudio 具备 30 年的国际项目经验，拥有强大的国际合作伙伴网络，无论身处任何地方都能与全球顶尖的顾问及专家高效协作。事务所做过超过 120 个项目，遍布亚洲、欧洲及北美地区，并持续扩张全球业务。近年在中国、韩国、卡塔尔、德国以及英国等地都获得了委托。

根据我们的经验，建筑和室内一体化设计不是一种现象。建筑师就是设计整栋建筑，由外部到室内空间，由城市规模至人体尺寸都兼顾，并予以考量。

1. UNStudio 是从一开始就兼顾建筑与室内设计吗?

是的，UNStudio 遵循整体设计方法，因此，从一开始，我们便兼顾建筑设计和室内设计。

2. 近期公司最有代表性的作品是哪一个?

我们最近在中国中山市完成的吉宝盛世湾及会所。吉宝盛世湾的总体规划面积达 50 000 平方米，包括一个直通西江的码头、一座游艇会所、高端住宅别墅以及海关大楼、桥梁、道路和周边外堤等配套基础设施。吉宝盛世湾是中国境内首个，也是唯一一个外国移民所拥有的私营港口。

吉宝盛世湾会所的设计理念是要打造有如置身于游艇或豪华邮轮之上的非凡体验。一方面，这里是人们远离喧嚣、享受宁静的世外桃源。另一方面，这里还能提供各种刺激好玩的休闲活动，让人们享受无穷的乐趣。

码头鸟瞰

会所采用的建筑空间理念，为整个项目塑造了属于它的身份特征。为此，项目在正对西江的大门处设置了多个代表项目的识别点。从大门过桥来到会所，整个水域以及停泊其间的游艇尽收眼底，营造了一种弧悬于上的感觉。

建筑中还特别留出了宽敞、开放的"漏斗"空间，由上下楼梯互相连接，让用户能够在不同的楼层间漫步。这些漏斗让会所大楼变得通透，从一侧走到另一侧时也不会影响大楼的运作，从而更好地组织大楼的内部空间。

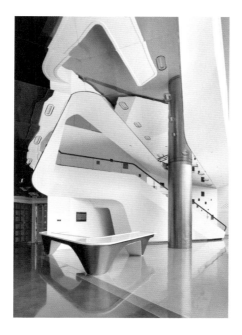 

上：
与建筑相呼应的水域
下左：
宽敞开放的"漏斗"
空间，由上下楼梯互
相连接
下右：
"漏斗"让俱乐部大
楼变得通透

漏斗空间能够让用户无论身处大楼内部的任何地点，都能欣赏到游艇或者东北部的山川景观。同时，这种漏斗空间也让大楼的内外空间相互交融。

在天气较热的季节，漏斗里始终有微风吹过，为大楼带来凉爽。

大楼天窗及东西侧开口保证了充足的自然采光，营造出舒适的氛围和光影交错的效果。这些空间还采用木质板材饰面，营造出水上游艇的奢华之感——大部分游艇船身采用高强度碳纤维，而甲板上铺设的也是这种材质。

作为水上活动的中心，整座码头提供可用于商务、休闲和保健的便利设施，会所大楼内部还设有餐厅、会员区、Spa 区、健身房、KTV 和会客室等功能区域。

上：
"漏斗"也让大楼的内
外空间相互交融
下：
室内空间采光充足

室内采用了大量木质饰面

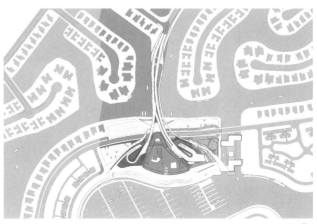

项目名称：吉宝盛世湾会所
项目地点：中国·中山
设计单位：UNStudio
竣工时间：2018 年
建筑面积：32 060 平方米
空间摄影：汤姆·罗（Tom Roe）

3. 在这个项目中有没有遇到什么挑战?

最大的挑战是组织访客,因为人们会选择乘车、乘船或步行前往会所。另外,考虑到功能和访客类型的多样性,我们需要保证内部空间的私密性和流畅性。

作为建筑师,我们的工作内容涉及诸多方面(从城市规划到产品设计)。在设计室内空间时,可以运用设计城市或综合性项目的方法,这就要求我们对不同项目和以不同方式使用同一空间的人进行考虑。对于每个项目,我们需要了解不同用户的需求,以便对空间布局,乃至氛围和饰面进行规划。

4. 在这个项目里,哪一点是最满意的?

我们很高兴建筑内的漏斗空间可以完全按照计划发挥作用,因为整个设计都是根据当地的气候和环境量身定制的。人们可以通过漏斗空间在不影响其他人的情况下进入大楼,同时欣赏到外部景观,并获得整栋建筑的内部空间体验,建立强有力的室内外联系,使这里成为一处可供休闲和社交的公共场所。从码头吹来的微风穿过漏斗空间,可以改善室内通风,调节室内温度。

我们也对建筑立面的效果十分满意。为了突出项目的重点——码头,面向码头的建筑立面完全采用玻璃打造,除此之外,其他立面和屋顶均覆以青铜色铝板。

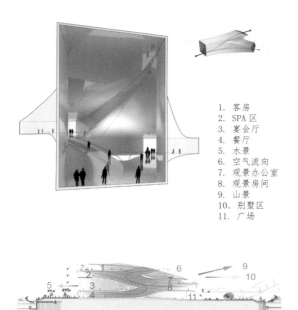

1. 客房
2. SPA 区
3. 宴会厅
4. 餐厅
5. 水景
6. 空气流向
7. 观景办公室
8. 观景房间
9. 山景
10. 别墅区
11. 广场

5. 在您看来，建筑师和室内设计师有什么区别或相似之处？

建筑师将关注点放在整栋建筑上，从地基到结构、立面乃至内装。我们需要对整栋建筑的组织结构和系统界面进行设计和考虑。室内设计师则偏重于人体尺寸，以及人们与空间的关系。建筑师和室内设计师都非常清楚哪些工具（如照明或材料）可以定义或改变空间边界。

6. 对即将进入室内设计领域的建筑师有什么建议？

我们的建议是把建筑和室内空间看作一个整体，要做到二者兼顾。

上：
滨水一侧，整个立面均覆
有玻璃
下：
扇形展开的空间

ennead architects LLP/
彼得·舒伯特（美国）

▨ ennead architects LLP 是一家国际知名的建筑设计事务所。自 1963 年成立以来，ennead 事务所始终致力于创造极具公众影响力的建筑作品，重塑公共建筑与社会以及人的关系。ennead 事务所总部位于美国纽约市，并在上海设有办公室。纽约总部现有员工 180 余人，上海办公室现有员工 20 余人。经过半个多世纪的发展，ennead 事务所已经成为建筑设计领域公认的、领先的国际化设计事务所。ennead 事务所的客户主要分布于教育、文化、科学研究和商业领域。从斯坦福大学到耶鲁大学，从美国自然历史博物馆到克林顿总统纪念图书馆，从卡内基音乐厅到纽约高线公园标准酒店，ennead 事务所与诸多国际知名学术文化机构均保持长期稳定的合作关系。

任何空间都是方案要求的一部分

我们始终认为，室内设计与整体建筑设计是不可分割的，是相辅相成的，是联动互通的。室内设计依托整体建筑尺度，在考虑色调、肌理和材料的同时亦需关注工艺性、耐受性和维护性等基本设计原则。

1. 公司是从什么时候开始做室内设计的？

自 1963 年创立以来，ennead 事务所就已经开始了室内设计工作，我们通常会为自己的建筑设计项目提供室内设计方案。在过去 56 年的设计实践里，我们接手了诸多知名项目，早期项目可以追溯到事务所合伙创始人，2018 年美国建筑师协会金奖获得者詹姆斯·波尔谢克（James Polshek）的一系列早期住宅项目。

在 ennead 事务所，我们并未设立独立的室内设计部门。不过我认为，如果我们能在过去几十年中为其他建筑师设计的建筑进行室内设计，这或许会为事务所在室内设计的发展上提供更多可能性和潜在发展空间。通过他人的建筑设计来考量室内设计的种种变量无疑会给我们提供更多成长和学习的机会。

2. 到目前为止，你最喜欢的室内项目是哪一个？

是 ennead 事务所上海办公室。它位于上海市黄浦区 8 号桥创意园区的历史性工业建筑内。

在室内设计上，我们通过夹层和楼梯等形式对各个空间进行干预，在强调设计主旋律的同时，凸显了所在建筑的形态细节。

整体室内设计是"一曲新旧之间的颂歌"，这可以说是 ennead 事务所的惯用叙事手法。欣然接受现有条件和这些条件带来的独有特性，以更精妙、更具艺术性的补充手法使其更为完善统一。办公空间同时也是对 ennead 事务所设计工作模式的具象阐述，一个鼓励协作、交流和团队合作及创新的开放式工作空间。

上：
室内高高的房顶
下左：
楼梯是空间内的主要元素
下右：
空间的核心是办公区

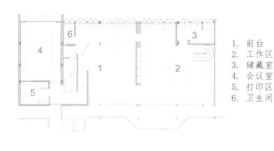

1. 前台
2. 工作区
3. 储藏室
4. 会议室
5. 打印区
6. 卫生间

1. 工作区 1
2. 工作区 2
3. 会议室

项目名称：ennead architects LLP 上海办公室

项目地点：中国·上海

设计单位：ennead architects LLP

竣工时间：2018 年

建筑面积：450 平方米

空间摄影：Lingxiao Xie Studio

办公空间呈开放式布局

3. 在这个项目中遇到最大的困难是什么？做建筑师的经历对于做这个项目有什么帮助？

该空间在设计上面临的最大挑战源自空间本身的分割性——整体空间被切割成三大板块，处处透露着原有工业建筑裸露的粗犷建筑语汇。核心办公区共 1.5 层（包括首层和夹层），主体为简明的开放式办公场所。看似普通的楼梯下方实为暗藏的大型储物空间。这是整体空间的一大特色，与 8 号桥建筑群本身的开放性遥相呼应。设计同时考量了 8 号桥作为老厂房改造项目的工业性文化肌理：双层高、带中庭的大型工业建筑和曝露在外的梁、柱以及桁架等，无不象征着旧工业时代的机械式结构特征。我们的空间设计与之相承，通过不同的色调和模块模糊了室内外空间的物理壁垒，在肯定整体厂房建筑机械式表达的同时，引入了更为细腻且更具考量和美感的室内空间叙述。从核心空间出发，到会议室、储藏室，再到双层双高空间，设计师巧妙地将原来独立的三大空间连接起来，落地玻璃大窗打破了原先厂房昏暗的环境，在引入充足自然光照的同时，加强了室内外空间的视觉联动。

4. 您认为在做室内设计的时候，建筑师和室内设计师有什么区别或相似之处？

我认为建筑师在室内设计中往往更倾向于使用比较中性的材料，正如我们会选择木材、金属和石膏等简明却不失质感的材料。相较于材料的物理性质，建筑师更关注建筑各个部分的空间特征。

换言之，建筑师通常更关注空间性而非装饰性。然而，我认为最好的室内设计往往是两者兼顾的结果。事实上，直到 20 世纪初期，室内设计和建筑设计都还是两门完全独立的学科，这可以说是极其不妥的。然而，我们却又不得不承认古人对建筑师和室内设计师的归纳——建筑师往往将重点放在建筑规划和功能分区上，室内设计师则更关注建筑内的家具陈设和装饰艺术。

5. 您觉得建筑和室内的一体化设计会为业主带来何种好处？

亚里士多德曾提出"整体大于它的各部分之和"。相较于关注陈设和装饰的室内设计师，建筑师在进行室内设计的同时能够更为细致、周到地将室内外空间的各个部分统一整合起来。话虽如此，但我绝不支持毫无活力的、限制用户活动而只为满足空间感的建筑性室内设计。我认为，所有东西都应存在一种平衡，比如基础设施和装饰性艺术间的平衡。这是一个需要不断调整的过程，也是在设计过程中极为重要的协作过程。建筑结构与室内设计间的这种平衡会为使用者创造一个独一无二的、充满活力且鼓舞人心的空间环境。好的室内设计亦离不开上述两者的平衡。我曾探访过一些极小尺度的简约室内设计空间，其室内设计非常巧妙，但始终让人感觉拒人于千里之外，我无法将自己置于那样的环境中居住生活。

6. 您认为建筑设计和室内设计之间有明显的界限吗？

对于 ennead 事务所而言，建筑设计和室内设计是相辅相成的，而非各自独立的。室内设计是完善整体空间的一个重要部分，是关于建筑室内外规划、创新和空间的定义。就目前看来，空间灵活度是室内设计创新的基本原则。我认为，模块化、系统化的灵活空间及多功能综合性空间将是室内空间发展的下一个大方向。刻板的设计手法将被自定义个性化设计所取代。机构、教育和文化类公共建筑在空间分割上不再一板一眼，取而代之的是各个空间的联动、连接和相辅相成。上述设计模式在强调组织协作的教育类建筑中愈发常见，单一空间不再只是单一功能的载体，如过道不再是单纯的步行区域，也可作为教学、娱乐、集会和活动的场所。空间成了富含更多功能的载体。设计师逐渐从"单一空间、单一功能"的束缚中解脱出来，更倾向于利用室内设计使空间成为可根据用户需求进行配置的更为灵活的生活、办公和居住的地方。

7. 您如何看待建筑师做室内设计这种现象？

我认为任何设计师都不应局限于室内设计的传统框架内。框架之所以为框架是因其忽略了和周边环境、文化肌理的关系以及联动效应。跳出框架之外，无论是建筑、室内还是室外空间，所有的一切都应是功能导向性的定制化策略，是整体的一部分。

原来昏暗无窗的房间变得明亮

brg3 architects 事务所 /
詹森·杰克逊（美国）

▒ brg3 architects 事务所位于美国孟菲斯市，致力于为客户打造工作、接待、娱乐和生活的空间。作为建筑师，brg3 architects 事务所的员工们并不满足于简单的解决方案，而是投入时间回顾和反思新的想法，最终和客户一起获得可以完善运营、提升客户和员工体验的创新环境，并给更多的社会群体带来积极的影响。

作为一家小公司，我们很多的团队成员都参与到诸多项目的设计环节中，因为我们认为这会使设计过程变得更加周密、全面，我们的设计也会变得更加富有活力。

1. 公司是从什么时候开始做室内设计的?

室内设计一直是项目设计的重要内容之一。我们的工作多半是增设空间或是对现有空间进行翻新，这需要我们对先前的室内装潢加以考虑。因此，我们从一开始便着手室内设计工作，而且每个项目或多或少都包含室内设计的工作。

2. 您完成的第一个室内设计项目是什么?

我们接手的第一个项目是孟菲斯·斯利姆（Memphis Slim）音乐工作室。这是一个翻修改造项目，需要对蓝调音乐家彼得·查特曼（Peter Chatman，也称 Memphis Slim）的故居进行彻底翻修。

该项目是为期 10 年的远景规划的一部分，以此重振街区昔日风采。我们将故居改造成录音室和音乐厅，全面协调室内外空间。我们对房屋的原有材料进行再利用，并将它们与新饰面相结合，却没有影响房屋的原有特色。为了给公共活动提供场地，我们对空间进行了拓展，但也保留了房屋内的几个起决定性作用的元素，例如烟囱和楼梯。

在设计过程中，整个街区通力合作，这是我们最愿意看到的。为了最大限度地发挥空间的价值，我们倾听街区居民的需求和对翻修改造工作的想法，并对此做出了回应。

3. 目前为止，您最喜欢的室内项目是哪一个？

我们近期的代表性室内设计项目是 Renasant 银行孟菲斯市中心分行（也称联盟大街 2046 号）。我们接受委托完成 Renasant 银行的店面设计工作，过程中面临诸多挑战。银行位于孟菲斯一条最繁忙的街道之上，我们需要对这条街道上的典型银行店面进行改造。随着银行的业务范围开始向数字化过渡，实体银行店面也发生了改变。我们对实体银行空间进行了完善和更新，以围绕银行家们目前为客户提供的新技术和服务展开。

银行店面

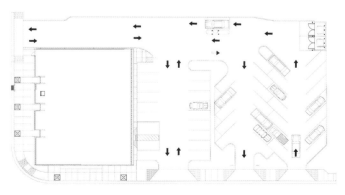

4. 在这个项目中遇到的最大困难是什么？做建筑师的经历对于做这个项目有什么帮助？

我们在这一项目中面临的最大挑战是围绕一个积极变革之中的企业所使用的技术和流程进行设计。如何才能使数字银行适应实体空间呢？我们设计了一个开放、灵活的空间，以满足客户和银行家的各种需求，同时开辟出独立空间，供商讨敏感事宜之用。在这家新银行内，客户不仅可以自行办理简单的交易业务，还可以在银行员工的帮助下办理更为复杂的业务。最终，我们以 Renasant 银行办理、咨询和交易的业务模式为基础，根据客户所需的服务布置各种空间元素。

作为建筑师，在进行室内设计时我们有自己的优势。我们会考虑如何将所有拼图碎片拼凑在一起。银行外观应当是什么样子的？它与银行内部又有什么关系呢？无论项目是以外观设计为中心，还是以室内设计为中心，我们的设计角度始终是以人为中心。在对任何结构和空间进行设计时，我们优先考虑的是如何更好地为用户提供服务。

设计师对银行外立面也进行了改造

项目名称：Renasant 银行
项目地点：美国·孟菲斯
设计单位：brg3s architects 事务所
竣工时间：2018 年 3 月
空间摄影：brg3s architects 事务所 & 乍得·梅隆（Chad Mellon）

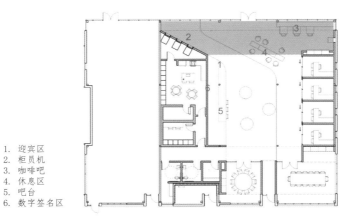

1. 迎宾区
2. 柜员机
3. 咖啡吧
4. 休息区
5. 吧台
6. 数字签名区

上：
室内接待区
下左：
银行贵宾区
下右：
会议室

5. 您认为在做室内设计的时候，建筑师和室内设计师有什么区别或相似之处?

对于 brg3s architects 事务所来说，最明显的差异是我们是一家小公司。我们没有独立的部门分工合作，但是我们的室内设计师会与建筑师合作完成项目设计。我们的室内设计师对整个项目的看法是至关重要的。我们是设计思考者，大家汇聚到一起应对各个挑战。

6. 您对那些对室内设计不熟悉的建筑师有什么建议?

对于那些可能对室内设计过程非常陌生的人，我们建议他们考虑由我们完成室内外设计的整套工作。我们认为，室内空间不应与室外空间分开处理，因为二者是相辅相成的关系。室内外空间设计所用的材料和形式应当互补。

7. 您认为建筑室内一体化设计是未来的趋势吗?

我们认为这种趋势已然在多个领域中发展起来，这些领域每天所面临的挑战是思考设计和解决问题，这已不仅是建筑设计领域独有的现象。团队成员无论是否对项目负有直接责任，都对项目的各个方面了然于心。通过了解项目的不同阶段是如何运行的，团队成员可以做出更为明智的决策，帮助改进最终设计并解决缺乏沟通带来的任何问题。

Holst Architecture 事务所 /
瑞秋·布兰德（美国）

Holst Architecture 事务所是一家屡获殊荣的建筑公司。公司拥有 42 名专业设计人员，总部位于俄勒冈州波特兰。Holst Architecture 事务所打造了多栋符合客户需求，同时表达了终极的环境、社会和美学理想的创新建筑。近 30 年来，Holst Architecture 事务所一直以定义清晰的价值体系和开放协作的方式为指导。简单和率真取代了无所顾忌，以此获得反映时间、地点和文化的低调而高雅的特性。

室内外空间的设计需要运用各种技能和空间直觉。部分设计师会倾向于其中的一个，但我们的方式是将两者视为整体的一部分。

1. 公司是从什么时候开始做室内设计的?

我们的事务所自 1992 年成立以来,一直在做建筑和室内项目的设计。我们早期的小型项目将侧重点放在供人们聚会使用的空间——餐厅、咖啡馆、咖啡店、艺术画廊、零售和非营利空间上。对人本体验的关注致使室内外空间的表现设计成为我们设计方法和理念不可或缺的一部分,并一直沿用到我们当下的住宅、多功能社区和教育建筑等项目中。我们的所有项目几乎都涉及室内外设计。

2. 目前为止,您最喜欢的室内项目是哪一个?

是一家名叫 Maletis Beverage 的饮料公司的总部改造项目。我们首先对这家公司的行政管理办公室进行了重新设计。项目实施过程中,设计范围进一步扩展,囊括了冷库扩建、大规模的园林绿化工作。

自 1993 年以来,Maletis Beverage 一直使用的是现有办公空间。但这些空间早已过时,杂乱且拥挤,而且无法反映公司长久以来在当地的行业领导地位和不断发展壮大的趋势。他们希望将改造重点放在多样化的办公空间上——在这里,公共和私人使用空间混杂在一起,各个部门均设置在同一楼层内,彼此之间也没有清晰的划分。这种低效的混合形式使人们经常误入私人空间。业主还希望打造一个展示空间,以吸引更多的当地精酿啤酒厂,并将业务范围扩展至苹果酒和葡萄酒市场。从美学上讲,他们希望营造一种符合公司生产特点和工业地位的工业氛围。

1. 啤酒屋
2. 储藏室
3. 门房
4. 绘图室
5. 厨房、休息室
6. 会议室
7. 交付区
8. 仓库操作区
9. 无性别卫生间
10. 男卫生间
11. 驾驶员入口
12. 驾驶员休息区
13. 驾驶员的储藏区
14. 销售员工作区、展示空间
15. 座位区
16. 厨房
17. 女卫生间
18. 室内休息室
19. 室外休息室
20. 露台休息室
21. 等待区
22. 接待区
23. 主入口
24. 零售店
25. 预订零售部

上：从接待区可以看到等待区和销售区
下：二层员工休息室

新办公空间的设计将过时的工作环境改造成现代化的开放式办公空间，这里拥有各式各样的操作间和设施，可以满足各种业务需求。一楼设有大型门市部和活动场地、会议室、零售区和桶装酿造啤酒厨房，还有室内露天啤酒屋风格的休息大厅和花园。设计将灵活的门市部放在重要的位置上，周围是四扇面向大厅敞开的工业车库门。楼上的行政管理办公室将在一个开放的办公环境内为楼下的生产工作提供支持。

项目名称：Maletis Beverage 总部改造项目

项目地点：美国·波特兰

设计单位：Holst Architecture 事务所

竣工时间：2017 年

建筑面积：3950 平方米

空间摄影：安德鲁·波格（Andrew Pogue）

厨房与户外休息室和座椅区相连

3. 在这个项目中遇到的最大困难是什么？做建筑师的经历对于做这个项目有什么帮助？

设计过程中遇到了两项挑战：如何打造一个为建筑内进行各种公共和私人活动的人提供服务的空间，如何在工业环境下为历史悠久的家族企业塑造合适的形象。作为建筑师，我们综合智能空间规划、场地的工业背景，以及公司的特点和历史等方面，提出了更为全面的设计观点，并将它们整合到合适的创意环境中。

5. 您认为在做室内设计的时候，建筑师和室内设计师有什么区别和相似之处？

作为参与室内设计的建筑师，我们以更为全面的视角将外部和内部环境整合在一起，打造一个具有凝聚力的整体。

6. 您的事务所里会有单独的建筑师和室内设计师吗？

我们所有的员工都接受过建筑设计方面的培训，我们也不会将单一的室内设计项目委派给他们，所以我们的员工中没有室内设计师。

TACKarchitects 事务所 /
杰夫·多尔扎尔（美国）

　　TACKarchitects 事务所是一家总部位于美国奥马哈的建筑事务所，由杰夫·多尔扎尔 (Jeff Dolezal)、丽贝卡·哈丁 (Rebecca Harding) 和克里斯·休斯顿 (Chris Houston) 于 2011 年创立。TACKarchitects 事务所通过精心策划的项目，将不同的体验结合在一起，创造出独特的空间，并超越客户的期望。通过挑战传统和最大化客户投资来解决问题，使项目达到新的高度。

设计的第一步是用图形表达设计主旨

室内设计是在建筑内打造空间、操控空间，其实做的还是建筑。从认识基本问题到回答这些问题，再到最终做出设计，其中第一步就是用图形表达设计的主旨。

1. 目前为止，您最喜欢的室内项目是哪一个？

是 2018 年完成的 Thrasher-Supportoworks 总部。

在委托我们之前，原有设施已经无法满足 Thrasher-Supportoworks 的需求，他们急需一个全新的一元化公司总部和仓库配送中心。作为一家混凝土修复公司，新办公设施拥有仓库、办公空间和用作培训项目的地下室，而这些新设施则可以满足他们的使用需求。

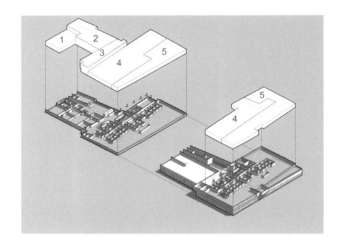

1. 健身区
2. 休息室
3. 大厅
4. 私人办公室
5. 开放办公室

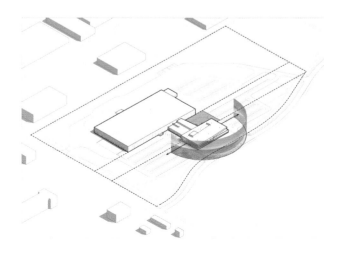

建筑外观

设计将项目与委托方注重的团体休闲活动结合起来，为员工们创造了一个具有凝聚力的空间。

设计理念的灵感来源于公司标志。立面和平面布局的设计将委托方的品牌标志和营销计划融入到新设施的设计中，以此模仿他们的工作特点。设计团队借助锥度角、空间分层、平面偏移和周围景观完成了项目的布局设计。

周密、细致的设计方案最终呈现了一个公司总部和仓库配送中心，它既可以有效地响应周围环境，又可以展现委托方的目标和品牌计划。

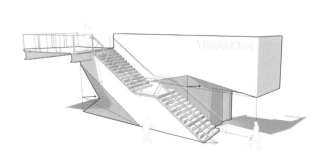

2. 您觉得这个项目中做得最好的一点是什么？

我认为我们做得很好的一点是设法通过室内设计来展现公司的品牌，因此，室内设计真的有助于人们了解这家公司，而且它也确实受到了公司标志和品牌计划的影响。

3. 您在这个项目中遇到的最大困难是什么？

如何将标志以立体的方式呈现出来，而不使其看起来过于文字化。如何使标志和品牌变得抽象化，并将其融入到流畅的建筑体验中。

4. 做建筑师的经历对于做这个项目有什么帮助？

真正帮助我们的是了解委托方过去的业务，作为一家企业，现在的他们又开展了哪些业务，然后试着用一种创新的方式在室内设计中反映出来。因此，在 Thrasher-Supeporworks 总部这一案例中，委托方重新梳理了自己的业务，我们则淡化了那些发生了变化的"建构板块"概念，也探索了如何在空间内反映这种变化。

左：
设计师将委托方品牌标志融入到设计理念中
右：
借助锥度角、空间分层、平面偏移和周围景观完成布局设计

空间设计展示了委托方的目标和品牌计划

项目名称：Thrasher-Supportworks 总部
项目地点：美国·拉维斯塔
设计单位：TACKarchitects 事务所
竣工时间：2018 年
建筑面积：19 193 平方米
空间摄影：汤姆·凯斯勒（Tom Kessler）

5. 在您的工作室，室内设计和建筑设计有区别吗？

在我们的工作室，室内设计和建筑设计在哲学层面上真的没有任何
区别。我们将室内设计看成一个在建筑内打造空间的机会，用各种
好材料打造一栋建筑。从室内设计角度来说，我们做的仍然是建
筑——对空间进行操控——并为访客提供流畅的体验。

上：
将"模式"变成空间
下左：
宽敞明亮的开放式布局
下右：
会议室

6. 在您看来，建筑设计和室内设计是没有区别的，那么当您做室内设计的时候，会从哪里入手？

在我们的工作室，设计是一个连贯的过程，同样适用于建筑设计、室内设计、平面设计、家具设计、产品设计等。设计就是设计！我们从认识基本问题入手，然后在设计过程中回答这些问题，最终设计出建筑、内饰和物品。设计的第一步是用图形表达设计主旨和方向，所有的设计活动都应该对这些图形概念做出回应。

我在研究生学习期间写下的最后一篇论文探讨了建筑和电影之间的相似之处。对这一论题的研究至今仍影响着我的设计思维。建筑与电影十分相似，由一系列体验空间组成，体验和脉络又是通过设计的本质相互影响着。

7. 在美国，建筑室内的一体化设计是不是很常见？

是的，多数情况下取决于项目的大小。一些规模较大的项目，可能需要建筑师明确在公司和业主身上分别投入多少精力。在我们的工作室，多数建筑师都在做室内项目。

8. 您觉得，未来建筑和室内设计还会是不可分割的整体吗？

我认为是这样的，至少在建筑环境中是这样的。未来可能会在数字领域建立全新的关系。

KUBE Architecture 事务所 /
理查德·鲁斯勒·奥尔特加 RA（美国）

KUBE Architecture 事务所是一家建筑设计公司，有七名成员，总部位于华盛顿特区。公司由负责人珍妮特·布隆伯格（Janet Bloomberg）和理查德·鲁斯勒·奥尔特加（Richard Loosle Ortega）于 2005 年创立，专门从事挑战传统生活和工作方式的当代住宅和商业项目。无论项目规模或功能如何，建筑师们都以最有创意的方式构思各个项目，也因此赢得了无数奖项。

在室内设计中，建筑是什么？是四面墙吗？显然，在建筑师的眼里不是这样的。建筑师也绝不愿意仅仅装饰这些墙。在建筑师看来，室内设计是无关于装饰的。

1. 公司是从什么时候开始做室内设计的?

我们从公司成立的时候便开始进行项目的室内设计。我们认为室内空间是设计理念不可或缺的一部分,如果我们无法对室内外空间进行全方位的创造性管控,也就不会接手这个项目。

2. 第一个完成的室内设计项目是哪一个?

是一个名叫雾谷住宅的双卧联排式住宅改造工程。业主经常出门在外,因此需要为其设计无须过多维护的花园。我们尽可能地简化前面的入口花园,在树木周围铺满红色的小石子。红木地板切合了室内设计的"红色主题",从住宅前方一直延续到住宅后方。后方平台进行了染色处理,与红木地板十分相配,拾级而下,便可抵达以红砖、绿树和黑色的墨西哥河石为构景打造的露台。

KUBE Architecture 事务所一直负责住宅或商业项目的室内设计工作。空间设计简约、开放,并引入了自然光线和合适的材料,这些都是我们引以为傲的地方。

3. 目前为止,您最喜欢的室内项目是哪一个?

Cache 住宅。这是一栋三层住宅。

我们对住宅外观进行了改造,对墙体表面和屋顶进行了装饰。住宅入口也进行了拓宽优化,允许更多的光线射入前厅。钢架使车库和前门成为一个整体。

位于住宅后方的平台被改造成户外空间。主平台的设计采用了可折叠墙门和聚碳酸酯屋顶，打造了一个户外生活空间，将室内外空间完美地融合在一起。

主楼层进行了彻底改造，以此对生活空间进行整合，增加落地门窗，使室内空间获得广阔的公园视野。厨房也进行了重新布置，并通过摆放机械设备、壁橱、酒架的黑色立方空间和盥洗室与开放式家庭娱乐室相连。餐厅被迁移至住宅对面，与用复合板墙进行遮挡的家庭办公区共用一个空间。

上：
设计师对住宅墙体和屋顶进行了装饰
下：
主阳台将室内外完美融合

室内外空间设计所用的材料有复合板、预涂板、聚碳酸脂多层中空板棚顶、钢制栏杆、中纤板和 LED 光管照明等。

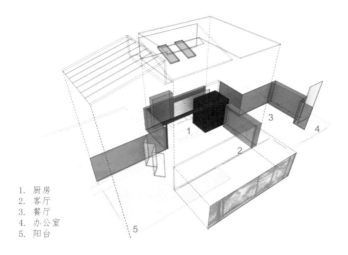

1. 厨房
2. 客厅
3. 餐厅
4. 办公室
5. 阳台

上：
落地窗使室内空间获得
广阔的视野
下左：
厨房空间
下右：
厨房与家庭娱乐室相连

餐厅被迁移至住宅对面

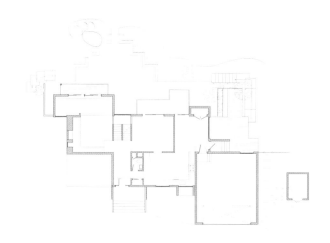

项目名称：Cache 住宅
项目地点：美国·雷斯顿
设计单位：KUBE Architecture 事务所
竣工时间：2016 年
建筑面积：395 平方米
空间摄影：保罗·伯克（Paul Burk）

4. 在这个项目中遇到的最大困难是什么？做建筑师的经历对于做这个项目有什么帮助？

项目设计过程中遇到的一个最大困难是如何处理现有房屋的多屋顶角度。当用来分隔各个房间的内墙被拆掉时，裸露出来的天花板和屋顶结构呈现不同的角度。我们没有将天花板整合，而是充分利用上述情况，用不同的油漆色彩突出倾斜角度，打造更为立体的天花板。

不同的油漆打造更立体的天花板

建筑师与室内设计师完全不同，建筑师更多的是从如何打造三维空间的角度进行思考，将关注点放在光线和结构如何塑造空间上，而不是简单地对表面进行装饰。

5. 您认为在做室内设计的时候，建筑师和室内设计师有什么区别或相似之处？

建筑师们认为，单一的设计视角会使设计理念显得更为清晰、有力。KUBE Architecture 事务所掌控着室内外空间设计的全部，有需要时，还会参与景观和室内设计咨询方面的工作。建筑师参与室内设计时，建筑便不只是一堵两米多高的墙体了。

6. 您认为建筑设计和室内设计是什么关系？

室内设计从一开始就是建筑设计的一部分，因为两者并没有清晰的界限。当建筑师进行室内设计时，概念设计也得到了强化。室内设计无关于装饰，而是通过嵌入设计、建筑细部、材料之间的连接等打造空间。

7. 您是如何看待建筑师做室内设计这种现象的？

当建筑师对项目的各个方面进行设计时，就会创造出优秀的设计。

建筑师需要设计室内空间

m3architecture 事务所 /
迈克尔·莱弗里（澳大利亚）

m3architecture 事务所创立于 1997 年，是一家位于澳大利亚的建筑事务所。该事务所拿过多项大奖，由迈克尔·班尼（Michael Banney）、迈克尔·克里斯滕森（Michael Christensen）、迈克尔·莱弗里（Michael Lavery）和本·维勒（Ben Vielle）董事共同经营。

m3architecture 事务所擅长对嵌入项目各个阶段的创意进行构思，相信创意引领设计，希望设计一些意想不到的东西——一些可以使客户的项目变得与众不同的东西。

出色的室内设计师是设计领域的宝贵财富，而建筑师已经并将一直为室内设计领域做出重要的贡献，我们需要专家，也需要通才。

1. 您对项目的哪方面设计更感兴趣?

我们对项目的方方面面都颇有兴趣,从项目的城市背景到室内设计。20 多年来,我们能一直兼顾建筑设计和室内设计项目,参与的室内设计项目的数量与接到的建筑设计委托的数量一样多。

2. 目前为止,您最喜欢的室内项目是哪一个?

是我们在 2017 年完成的昆士兰大学建筑学院。这是一栋拥有向内空间的粗犷建筑,反映了 20 世纪 70 年代的说教式讲授理念。

室内设计包括一幅潘乔·盖兹(Pancho Guedes)的壁画,壁画位于内部楼梯间,将五层建筑中的两层楼连接起来。这幅壁画会给人带来难忘的室内设计体验,也是一个有价值的导向设施。壁画的主题包括:偶遇、探索、热情和挚爱。盖兹的壁画还反映了这样的理念,即楼梯间这样的基本元素可以提供互动参与的机会。

楼梯间墙面是潘乔·盖兹的壁画

左：
全新的公共空间
右：
室内各元素都在呼应
壁画的主题

我们事务所的翻修工作包括打造全新的公共空间，增设大扇窗户、硬木地板和天花板吊灯。这些元素有助于呼应并强化盖兹壁画的主题：制造偶遇、表达热情、提供探索机会和增加建筑的舒适性。该项目还强调了同一时期两项运动之间的联系——现有建筑（粗狂主义）和壁画（欧普艺术），并推动两项运动的发展。

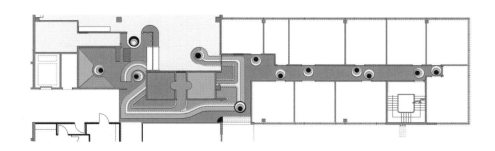

项目名称：昆士兰大学建筑学院
项目地点：澳大利亚·布里斯班
设计单位：m3architecture 事务所
竣工时间：2017 年
建筑面积：350 平方米
空间摄影：布雷特·博德曼（Brett Boardman）

从室外看向室内

室外庭院

3. 在这个项目中遇到的最大困难是什么？做建筑师的经历对于做这个项目有什么帮助？

在我们接受委托对这一项目进行设计后，我们拟定的方案将现有资源分散到几个层面。在对项目的既定目标和详细方案进行比较时，我们意识到其中存在不匹配的情况。

我们试图说服委托方在项目进行之前拟出总体规划方案，探讨这种反常现象。值得称赞的是，委托方委托我们审查总体规划方案，我们最终商定，项目的第一阶段围绕增进教职员工和学生的互动及公共设施的内容展开。

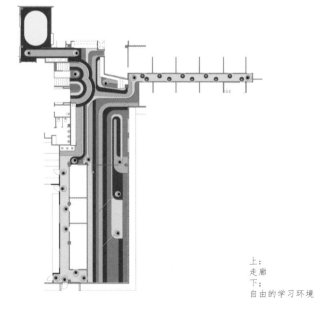

上：
走廊
下：
自由的学习环境

4. 您认为建筑师和室内设计师之间有没有什么区别?

出色的室内设计师和出色的建筑师（最好的景观建筑师等）都接受过辨别和寻找创意的培训。从这个意义上来说，学科之间没有明显差异。也许建筑师的优势在于，他们可以从整体入手来思考项目。有时，项目可以被看作是其组成部分的总和（例如室内、立面、外部硬景观和软景观、城市环境的组合），而建筑师则可以将各个要素（从城市规模到门把手尺寸）视为一个整体，因此他们也会考虑这些要素对彼此的影响。

5. 您认为室内设计是不是一门单独的学科?

在我看来，将建造形式视为组成部分或是学科从根本上就是有缺陷的。用来打造一栋伟大建筑的技术和学科应当适用于其存在的方方面面，使人在建筑物内及其周围逗留的每个时刻都有助于获得更好的空间体验。但是，如果你仍然倾向于将室内设计视作一个单独的学科，那就欣然接受吧，项目的各个方面都可为你带来快乐。

6. 您认为建筑师做室内设计是不是必要的?

任何关于建筑师无须设计室内空间的看法都十分令人不安。空间的创造、支配和关系也是建筑设计领域不可或缺的一部分。进一步剖析作用和职责、不断拓展特色领域，既承认了我们所生活的世界的复杂性，也明确了管理（和分散）风险的愿望。

MKCA 事务所 /
迈克尔·K.陈（美国）

■ Michael K Chen Architecture
(MKCA) 事务所于 2011 年创立于美
国纽约，是一家致力于为寻求全面、
周密设计的客户提供创新、出色设计
的事务所。事务所的设计方式充满趣
味并反映了他们对修补、绘图、协作
和制造的热爱。他们的方式和能力虽
已处在设计、分析、制造和施工的前
沿，却仍力求创造卓越的体验、精心
设计的空间和意想不到、切实可行、
充满欢喜的作品。

室内设计有自身的规范和专长

我们将热情倾注到家具、制造、织物及所有的设计规范上。因此，将建筑与设计的其他方面结合起来是一件令人高兴的事。我们逐渐发现，业主希望获得全面、综合的项目设计方案，并从中获益。对室内设计的热情是我们为业主提供高品质设计的关键所在。

1. 公司是从什么时候开始做室内设计的？

自 2012 年创立以来，我们一直致力于建筑设计和室内设计项目。我们发现建筑设计和室内设计之间的关系充满价值、引人入胜。

2. 目前为止，您最喜欢的室内项目是哪一个？

是我们在 2017 年完成的一栋联排别墅。这栋新希腊风格的别墅建于 1879 年，建筑年久失修、破败不堪，我们完成了这栋建筑的翻新和改造工作。

这栋别墅既是家庭住宅，也是一个大型的娱乐活动场所，围绕多方向流通展开，光线和气流使空间焕发生机。宽敞的竖向开口和镶有玻璃的双高空间凸显了建筑的宏大比例，并建立起各楼层之间的视觉和空间联系。

左：
艺术家萨拉·奥本海默（Sarah Oppenheimer）创作的艺术品融入建筑的屋顶，将垂直的条状天空图案反射到顶层的图书馆和楼梯上
右：
屋顶阁楼结构和钢板楼梯将顶层图书馆与屋顶花园和天空连接起来

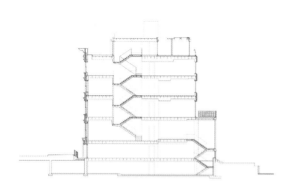

这栋别墅的设计工作，还有周围建筑、别墅的屋顶阁楼，都是我们和萨拉·奥本海默的工作室合作完成的。别墅大量使用石雕陶瓦元素的立面，很好地融入到与纽约州立大学保护植物学家合作设计的垂直花园中，花园内栽种了大量的原生林地植物。受到气候变化的影响，部分植物濒临灭绝，这也是它们首次作为城市园艺保护试验物种进行繁殖。我们采集了大量的环境分析数据，并以此为根据对立面的几何结构和种植槽进行设计，使其满足多种原生植物生长所需的温度、日照和水分需求。

别墅内的现代家具多是由我们定制设计或是委托设计的。

项目名称：上东区联排别墅
项目地点：美国·纽约
设计单位：MKCA 事务所
竣工时间：2017 年
建筑面积：891 平方米
空间摄影：艾伦·坦西（Alan Tansey）

青铜橡木楼梯俯瞰豪华的客厅，客厅内的家具出自当代美国设计师之手，混合了战后意大利和斯堪的纳维亚风格

3. 在这个项目中遇到的最大困难是什么？做建筑师的经历对于做这个项目有什么帮助？

在设计的各个方面寻求前瞻性和创新性是我们的本能冲动，但是就这一项目而言，确实需要在这种本能冲动与尊重建筑的历史背景之间寻求平衡。这意味着我们默认或固有的方式并非总是对的。在这样的项目中，你不得不创造更多的东西，过程中充满乐趣，但也惊心动魄。这不失为一种走进设计的明智方式，能够从事这项工作很是荣幸。

4. 您认为在做室内设计的时候，建筑师和室内设计师有什么区别或相似之处？

我们试图让设计的局部、体验和触感与建筑师一贯坚持的系统、严谨的设计达成平衡。这意味着，我们需要依靠作为建筑师的丰富训练和经验，但也在寻找全新的方式完成这些给我们带来挑战和惊喜的室内设计项目。对于我们来说，好奇心和向他人学习的意愿是设计师和建筑师开展工作的必备素质。

我们认为建筑设计和室内设计并没有太大区别，二者均关心空间的使用方式、设计工艺和美感，以及给业主的生活和工作方式带来的深刻影响。

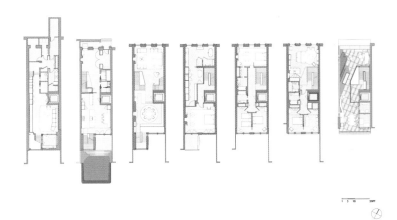

上：
主卧室镶满了美国橡木镶板，木材覆盖的更衣室将卧室和浴室连接起来
下左：
图书室里，定制的涂漆钢架位于吧台和壁炉架顶部，壁炉是花岗岩材质
下右：
主浴室里有定制的橡木梳妆台和人造大理石药柜

5. 您认为建筑师在做室内设计时，应该保持什么样的态度？

室内设计有自身的规范和专长，与建筑设计虽有重叠之处，但也有独到之处。对于建筑师来说，以开放性思维、好奇心、学习和合作的意愿对待室内设计是十分重要的，这一直是我们的立场和方式，也确实使我们的工作内容变得丰富起来。

6. 您是如何看待建筑师做室内设计这种现象的？

建筑师的设计方法与室内设计师的设计方法截然不同。建筑的历史是建筑师以创造性和突破性的方式进行室内设计的完整示例。因此，对环境及多方面进行全面和综合的思考是充满价值的。

宽敞的主浴室覆盖着威尼斯灰泥和来自佛蒙特州的大理石

Paolo Balzanelli//Arkispazio 事务所 /

保罗·巴尔扎内利（意大利）

Paolo Balzanelli//Arkispazio 事务所
于 2000 年由保罗·巴尔扎内利（Paolo
Balzanelli）在米兰创立。事务所参与
过很多公寓翻修项目，定制家具、展
厅和办公室的设计工作；装修工程和
博物馆设施的设计工作；建筑设计工
作，乃至工业区的总体规划设计。保
罗·巴尔扎内利的团队对于项目设计
的分析展现了其提升空间品质、规模
和使用目标的沉静、非凡的渗透能力，
还分析了项目的基本形式、所用材料
和色彩平衡等问题。

大多数设计师认为，内部空间和外部空间在场所问题上存在巨大的差异。我一直将城市空间视作「苍穹」之下的广阔的内部空间。在我研究项目场地时，我并不担心这是一个内部空间还是外部空间，我只想找到空间的灵魂和精髓。

1. 您是从什么时候开始做室内设计的?

我于 1990 年开始做建筑师,在我开始做建筑师时,便设计了很多室内空间项目,具体有多少个项目,我记不清了,但数量一定超过50 个。

幸运的是,新建筑的室内设计一直是由我们负责的。这一点非常重要,因为没有人会比设计过具体建筑的建筑师更了解建筑内部的情况,我们可以通过室内空间设计来提高建筑的品质。

我们于 2012 年设计的 MUMAC 博物馆便是一个很好的例子。客户对我们的设计非常满意,并决定将博物馆的装修工作委托给我们。我们最终为客户呈现了连贯的设计效果,MUMAC 博物馆也因此成为一个世界公认的成功项目。

2. 您做的第一个室内设计项目是什么?

我于 1990 年开始做室内设计项目,这是因为在米兰我们经常会接到公寓改造项目。我认为在实践中学习是最好的方法。我接手的第一个项目是为一个足球运动员打造一个私人公寓,但可供我参考的设计构图少之又少。20 世纪 90 年代,我们经历了从模拟系统到数字系统的过渡时期,如今制作和存储设计构图和效果图变得容易多了。我要说的是,这个项目没有给我留下任何遗憾。客户对我的设计非常满意,项目设计期间,我们一直保持着良好的关系。多年以后,客户离开了米兰,并将公寓以很好的价格出售。

有一个好的客户非常重要,他会清楚地表明自己的需求,然后放手让你去设计。有一天,我的一个客户说:"一个好的客户必须知道何时该闭嘴,给设计师自由发挥的空间。"这是亘古不变的真理!

3. 目前为止，您最喜欢的室内项目是哪一个？

是位于米兰的一个公寓项目。设计充分利用公寓面朝两条街道的情况，从而满足业主对使用功能的需求，打造了一个大型生活空间。生活空间按对角线展开，形成一个结构清晰的动态空间，将公寓的东侧和西侧联系起来。大扇滑动玻璃门既可以起到分隔空间的作用，还可以确保开放空间的整体观感。公寓入口处的线性 LED 照明灯照亮了开放空间，使用者可以通过滑动玻璃门进入厨房。除了浴室采用整修后的大理石地面（最初用在公寓入口处）之外，公寓的地面均是用木板打造的。主卧内，我们修复并加固了一堵旧砖墙（藏于另一堵已经拆除的墙面之后）。简约的黑色线条是定制家具的亮点所在，并与公寓的整体亮度形成了强烈的对比。我们最终打造了一个现代、优雅、大气、富有动感的公寓。这个公寓也反映了当今米兰盛行的新建筑风格。

上：
大扇滑动玻璃门起到分隔空间的作用
下：
简约的黑色线条家具与公寓整体形成强烈对比

项目名称：意大利科尔索公寓 Corso Italia

项目地点：意大利·米兰

设计单位：（Paolo Balzanelli）//Arkispazio 事务所

竣工时间：2017 年

建筑面积：150 平方米

空间摄影：杰尔马诺·博雷利（Germano Borrelli）

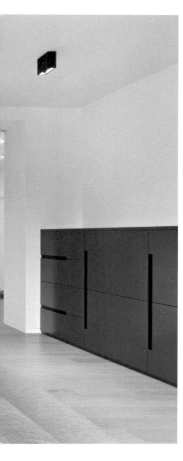

公寓代表了当今米兰盛行的新建筑风格

4. 在这个项目中遇到的最大困难是什么？有没有什么特别的经验？

这个公寓位于米兰市中心的一栋建筑的顶层，建筑场地内没有任何空余空间，材料供应十分困难。另一项困难是，业主要求我跟他的几个供应商一同完成设计工作，这些供应商在设计工作的时间安排上并不是很专业。

在设计这个项目时，我一直尝试在视觉上实现空间的最大化。原有的楼层规划诞生于 20 世纪 50 年代，经过设计后，公寓的面积看起来大了很多，东西两侧如今彼此相连。在清晨和午后，自然光会照进公寓内，为空间带来生机与活力。

我并没有什么特别的经验。我认为从多年的工作中学到的一切都将成为可供新项目设计参考的宝贵经验。我的建议是探讨已有经验，不要想当然。同时，我们每一天都要保持渴望学习新东西的开放心态，这一点非常重要。

5. 您认为在做室内设计的时候, 建筑师和室内设计师有什么区别和相似之处?

我无法直接回答这个问题, 因为在意大利, 大部分的室内空间都是由建筑师设计的。因此, 我不知道建筑师和室内设计师关于室内空间设计是否存在巨大的差异。我认为二者都是设计师, 只有出色的设计师和差劲的设计师之分。

在我开始做建筑师时, 便设计了很多室内空间项目。我接手的第一个项目是一个新建筑的项目, 那时的我有些顾虑, 但是后来我发现设计方法都是一样的——尽最大可能对现有空间进行研究, 认真研究业主的需要, 然后运用自己的悟性和技能完成这个项目的设计工作。

我认为, 了解克里斯蒂安·诺伯格·舒尔茨 (Christian Norberg–Schulz) 所说的"场所精神"是什么, 这是开始一个新项目的最好方法。我希望能理解项目的场所精神, 而不是担心这是一个内部空间还是外部空间。

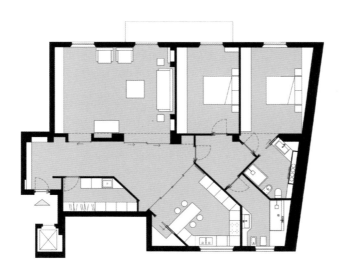

6. 对即将进入室内设计领域的建筑师有什么建议？

对于刚刚踏入建筑设计领域的建筑师来说，参与室内空间的设计是在实践中学习的最好方法。施工场地的面积很小，因而需要具备很好的组织协调能力。室内设计项目没有太多的空间存放材料和安排人力，因而需要制定一个时间表安排好各个施工环节。我的建议是，制定施工日程表，特别是在最后几周，每天都要跟进一下，如果出现问题或有延迟情况，在保证按时交工的前提下调整一下日程表。

此外，公寓改造项目的业主都有极高的要求，他们会在项目接近尾声时，查验所有细节。他们会用放大镜查验项目（当然这是一句玩笑话），因此，建筑师需要了解设计和施工过程中的所有细节。

建筑大师密斯·凡·德·罗（Ludwig Mies van der Rohe）说过："上帝存在于细节之中。"

7. 在意大利，建筑类院校里会不会有室内设计课程？

在意大利的米兰，就有一所非常好的建筑类院校，多年前他们便开设了室内设计课程。因此，在我看来这不是一个现在才有的现象。二战结束后，我们并没有建造新的建筑，而是对现有建筑进行翻修，这种情况一直延续至 2010 年。因此，建筑师开始参与室内设计的浪潮开始于 20 世纪七八十年代，在我踏入建筑设计领域时，已经有一所非常好的建筑类院校开始开设室内设计课程了。

在此我想提一个人：路易吉·卡西欧·多米尼奥尼（Luigi Caccia Dominioni），于 2016 年去世，享年 102 岁，他为设计领域贡献了自己的一生。

APPAREIL architecture 事务所 /
吉姆·帕里苏（加拿大）

APPAREIL architecture 事务所是一家位于加拿大蒙特利尔的公司，事务所的宗旨是为市民定制独特的优质住宅和商业环境。品牌灵感在很大程度上源于北欧，项目反映了在传统与现代之间找到平衡的愿望。多年来，APPAREIL architecture 事务所获得了诸多认可和奖项。

建筑师对空间有不同的看法，可以为室内设计带来新的解决方案。在我们公司，我们会与室内设计师合作，将所有观点整合在一起，设计出有趣的项目。不同的是，我们会设计一些经得起时间考验的个性元素。

1. 公司做的第一个室内设计项目是什么?

我们接手的第一个项目是 Boreale 住宅项目,这栋住宅的室内空间也是由我们设计的。我们接受了政府的委托,对魁北克省的传统住宅设计进行反思,这一项目便是思考的产物。从那时起,我们便开始兼顾室内外空间的设计工作,以此获得连贯、完整的设计效果。八年来,我们每年都能接到 10~20 个项目。

2. 目前为止,您最喜欢的室内设计项目是哪一个?

Mile-End 社区的咖啡馆设计。丰富的色彩和大胆的设计被应用到这个占地 139 平方米的店铺内,店铺内设有咖啡厅、艺匠工作室及展示当地精品创作的空间。

上:
粉色咖啡区
下:
绿色吧台区

上：
丰富大胆的色彩
下：
艺匠工作室

店铺的所有者是 Radio Radio 乐队成员加布里埃尔·马朗方（Gabriel Malenfant）和 Bouquet 品牌的创始人薇洛妮克·奥尔班德·希弗里（Véronique Orbande Xivry），这对夫妇希望创建一个咖啡馆和工作室相结合的空间。我们的事务所将这种独特的协作精神体现在这个重叠空间设计中，让顾客既可以观看工作室内匠人的创作过程，又可以享受咖啡时光。

3. 您觉得做建筑的经历对做这个项目有什么帮助？

从第一个项目开始，我们就意识到将建筑设计与室内设计结合起来的重要性。当我们需要兼顾室内外空间的设计工作时，室内空间通常可以为我们提供更好的思路。作为建筑师，我们所面临的最重要也是最困难的挑战是如何打造出连贯的室内外空间。

4. 在您看来，建筑师和室内设计师有什么区别或相似之处？

建筑设计更多的是关注项目和环境的关系，而室内设计更注重的是室内空间与使用者之间的关系。在进行室内设计时，必须要考虑人们的生活方式，以及他们如何以更贴近使用者的方式使用空间。在空间布局及空间分隔，以及如何营造趣味环境方面，两种设计的方式是相似的。

5. 未来还会一直参与室内设计吗？

我们公司会一直关注并参与室内设计项目。我们是一个由建筑师、室内设计师和工业设计师组成的多学科团队。对我们来说，室内设计项目非常重要，因为它们不仅可以为我们提供直接接触客户的机会，还能完善并强化建筑的设计主旨。

6. 您对即将进入室内设计领域的建筑师有什么建议？

密切关注空间的使用者。

连贯的室内外空间

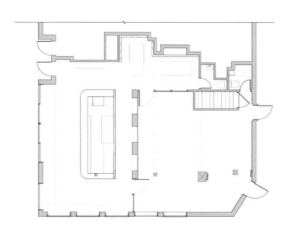

项目名称：Pastel Rita 咖啡精品店
项目地点：加拿大·蒙特利尔
设计单位：APPAREIL architecture 事务所
竣工时间：2018 年
建筑面积：139 平方米
空间摄影：费利克斯·米肖（Félix Michaud）

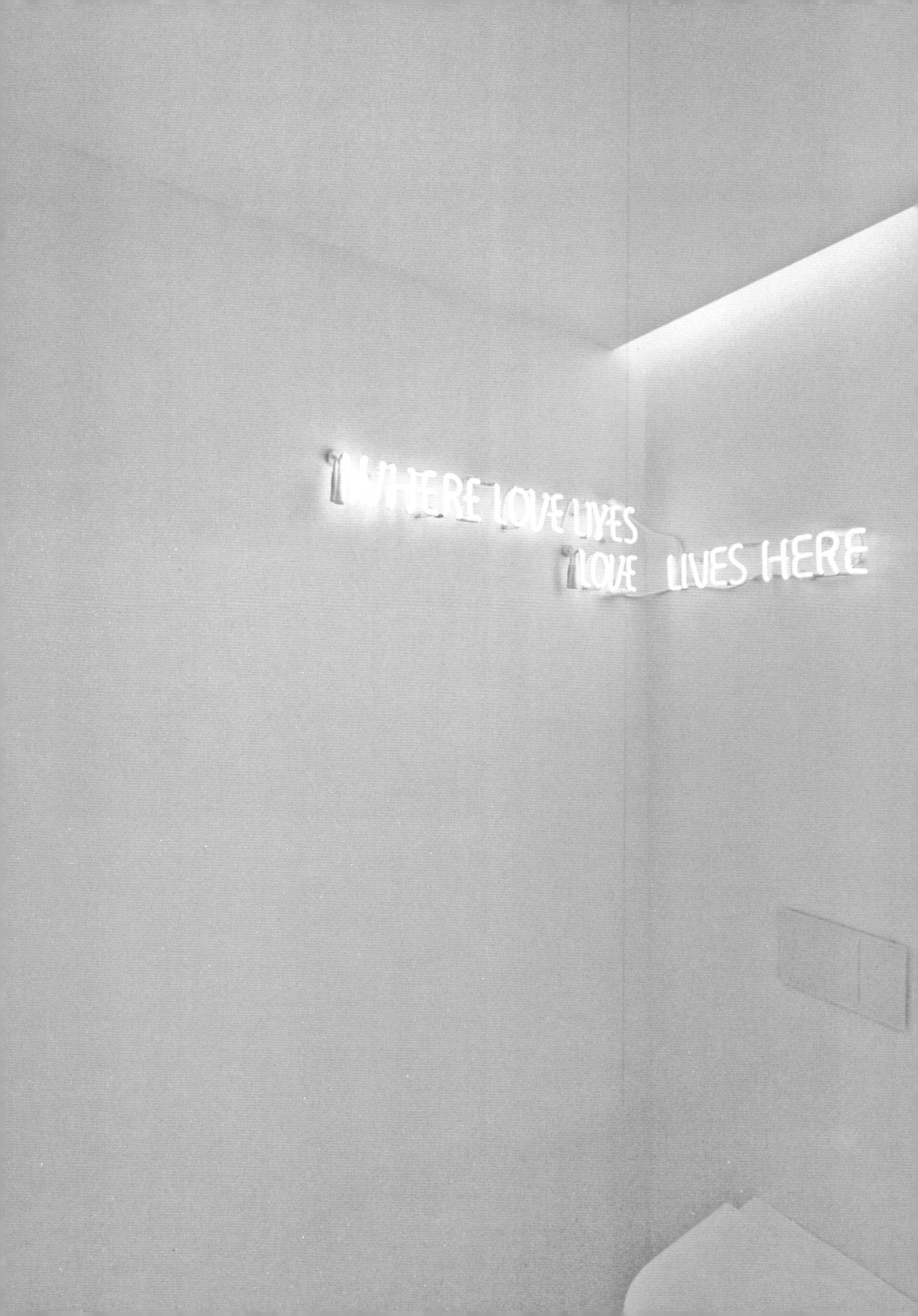
WHERE LOVE LIVES
LOVE LIVES HERE

RESOLUTION: 4 ARCHITECTURE 事务所 /
约瑟夫·唐尼（美国）

RESOLUTION:4 ARCHI-TECTURE 事务所是一家位于纽约的国际知名建筑公司，共有 10 名成员，主要从事住宅、商业和公共领域的项目。1990 年，约瑟夫·坦尼（Joseph Tanney）和罗伯特·伦茨（Robert Luntz）共同创立了 RESOLUTION: 4 ARCHITECTURE 事务所，他们致力于通过智能建筑和设计解决 21 世纪的建造环境问题。事务所有意识地增加能够应对当前和长期挑战的可持续性实践。经过反复研究，他们力求打造真实，扫除不确定性，并了解建筑与其使用者和环境之间的相互作用。

『私密空间』和『贴心感受』

建筑是私密的空间，室内设计则给人以贴心感受。二者有所不同，却在本质上存在联系。建筑师必须有能力在两者之间自由切换，这样一来，大家便觉察不出二者的差异。

1. 公司是从什么时候开始做室内设计的？

我们接手的所有项目的室内设计工作均是我们自己完成的，尽管有时委托方会另外聘请一位室内设计师负责家具和艺术品的设计工作。RESOLUTION: 4 ARCHITECTURE 事务所自 1990 年于纽约成立以来，一直在做室内设计。我们所设计的大部分项目都集中在密集的城区市场，在那里，大多数独栋住宅的业主都有翻新寓所而不是建造基础结构的需求。我们的设计实践早已超出翻新范围，目前将侧重点放在预制模块化独栋住宅（包括美国东北部和全美国的主要住宅，以及汉普顿的海滨度假别墅和伯克郡或卡茨基尔的山庄）上，我们还将在曼哈顿设计项目中获得的对紧凑空间效率领域的认识应用到我们在其他地区的项目设计中。

2. 第一个完成的室内设计项目是哪一个？

我们最早的室内设计项目——"Ron's Loft"于 1995 年在纽约完工。委托方的初衷只是更换厨柜并对现有隔板进行维护。经过进一步研究后，我们为其提供了另一种选择，通过突出开放的阁楼来重组整个空间。

3. 目前为止，您最喜欢的室内项目是哪一个？

西区大道公寓。这个别致的现代公寓改造项目是专门为纽约著名的健身大师和她的家人设计的。项目空间布局清晰、开放、灵活，所用材料细腻柔和，细节设计精确细致。除此之外，我们还为业主前卫大胆的家具和艺术品陈设提供了明亮的画廊式背景。配设有家具的公共空间和卧室华丽且富有表现力，但是卫生间（特别是主卫）的设计却能够让人感受到一丝宁静，可以使人在繁忙喧闹的曼哈顿生活中获得沐浴温泉般的享受。该项目将关注点放在空间的有效利

用上，这对任何一栋曼哈顿住宅来说都是至关重要的，高密度的城市环境致使城市空间变得愈发宝贵，所以我们在整个空间内大量使用嵌入式预制材料，为养育两个孩子的忙碌的一家人提供足够的储物空间。改造过程中所用的时尚、现代配色成功地实现了对话，并与建筑原有钢柱的原材料工业属性形成鲜明的对比。这些钢柱起初隐藏在墙体之后，改造后裸露在外，成为美观的特色设计元素。

上：
其中一间儿童房墙上装饰了艺术家格雷戈里·斯弗（Gregory Siff）的画
下：
极简主义厨房设计时尚，定制的白色橱柜围绕着中心的岛台

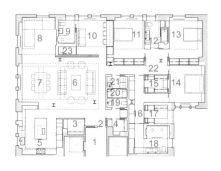

1. 电梯厅
2. 入口
3. 父母衣橱
4. 儿童衣橱
5. 厨房
6. 客厅
7. 餐厅
8. 影音室
9. 客用卫生间
10. 书房、客房
11. 儿童房卧室 1
12. 儿童房卫生间
13. 儿童房卧室 2
14. 主卧
15. 女主人衣帽间
16. 主更衣室
17. 男主人衣帽间
18. 主卧室卫生间
19. 设备间
20. 晾衣间
21. 洗衣间
22. 走廊
23. 玩具收藏间

项目名称：西区大道公寓
项目地点：美国·纽约
设计单位：RESOLUTION: 4 ARCHITECTURE 事务所
竣工时间：2015 年
建筑面积：260 平方米
空间摄影：RESOLUTION: 4 ARCHITECTURE 事务所

业主收藏的艺术品和定制家具与白色的室内空间形成了强烈的对比，建筑原有的钢柱在改造过程中暴露出来，作为设计的一大亮点，赋予了空间真实的历史肌理

4. 在这个项目中遇到的最大困难是什么？做建筑师的经历对于做这个项目有什么帮助？

该项目位于纽约市曼哈顿上西区一个历史街区的一栋中高层公寓楼内。大楼的租户实际上并不拥有大楼内的房产，而是大楼合作公司的股东。因此，业主必须接受合作公司的改建协议，协议中明确约定了改造项目的情况。除了由纽约房屋局进行规范审核后许可签发和纽约地标保护委员会批准后遵照历史保护准则之外，拟定的改建内容必须由合作公司聘请的第三方建筑师或工程师进行审核，以获得大楼董事会的批准。合作公司通过详细的条款规定了浴室、厨房及其他"湿"区的位置，严格限定了公寓内的规划布局。新颖的设计不仅能解决这些限制，还能获得合理、清晰、简洁、开放的平面布局。

作为建筑师，我们善于在严格的限制条件下布置空间，从条理分明的平面图入手，对饰面、照明设计、预制材料、管道装置、家用电器、五金器具等室内设计组件进行细述和强调，从而获得一个有趣、独特且富有表现力的家庭空间供委托方居住。另一项挑战是，该项目的委托方独具慧眼，因此，我们需要细化细部设计，以此将极简美学发挥到极致，从而满足委托方的需求。

5. 您认为在做室内设计的时候，建筑师和室内设计师有什么区别或相似之处？

在我们进行建筑实践的过程中，我们注意到从事室内设计的建筑师与室内设计师有很多共同点。室内设计师所参与的层面或许不同，但往往与建筑师有重叠之处。他们极力了解和满足委托方的要求，设计成果远超预期。反观我们自己的设计时，发现建筑师更关心的可能是从三维空间的角度来发展项目关系和空间布局，而室内设计师更擅长饰面处理，如地板、台面、石料或瓷砖、墙面、窗户等。室内设计师往往会将精力放在家具、固定装置、艺术品和装饰品等产品的选择上，以此突出建筑师的设计。在真正的合作关系中，每个设计专业人员（建筑师和室内设计师）都会通过建设性批判和思想交流来促进工作的开展，从而得到最能激发创造力的完美解决方案。

6. 您认为建筑室内一体化设计是不是未来的趋势？

建筑师是需要在多重尺度下展开设计的设计师，因此，他们的知识储备必须具有足够的延展性，以帮助他们敏锐地认识到设计决策会给使用者带来何种影响。建筑不仅仅是一个可以远距离欣赏的雕塑般的作品，因此，建筑师也要参与建筑内部空间的设计，这是大势所趋。

Ramón Esteve 工作室 /
拉蒙·埃斯特韦（西班牙）

Ramón Esteve 工作室由拉蒙·埃斯特韦（Ramón Esteve）于 1990 年创立。工作室在西班牙和国外开展建筑和室内设计及工业设计、艺术设计等领域的工作。作品包括健康、教育和文化设施等公共建筑；办公空间、酒店、餐厅和临时建筑等供公众使用的私人建筑；真实反映其设计理念的独栋住宅。在产品设计和艺术设计领域，曾与众多知名品牌合作过。

小细节可以定义空间的特征

在我看来，建筑师变成室内设计师只是常识性的问题，只要建筑师足够敏感，便会对细节设计予以足够的重视。建筑师应当虚心接受的是，糟糕的室内设计虽然与令人叹为观止的建筑相结合，却会破坏空间的概念，而出色的室内设计则可为建筑增色添彩。正因为如此，我一直从全面出发，开展设计工作。

1. 您的公司是不是一直都是做建筑和室内一体化设计？

是的。从一开始，我们便接手全套的设计项目，设计内容从建筑到
室内，其中也包括家具。当然，我们也接到过为已有建筑设计室内
空间的项目，此类项目只涉及室内设计的工作。

2. 作为建筑师，您为什么会选择做室内设计？

我的第一个室内设计项目是为柯达公司设计一个展台，那时的我
刚刚毕业。那个项目非常成功，也给了我自己创立工作室的勇
气。从那以后，我还设计了几个时装公司的经营场所项目，例如
FARRUTX 品牌商店和巴伦西亚 CHAPEAU 品牌商店。

我做室内设计的原因是我将建筑设计和室内设计视作一个整体。让
我引以为傲的是，我既有能力处理微小细节，又有能力从全局出发
给出解决方案。令我遗憾的是，在我的职业生涯中，我更多的是以
建筑师而不是室内设计师的身份出现，因为我的建筑项目和室内设
计项目一样多。我喜欢细节的世界，也喜欢整合空间和物品的过程。

3. 目前为止，您最喜欢的室内项目是哪一个？

是一座在小山的山顶上的私人住宅——Sardinera 住宅。项目设计的
初衷是希望借助场地得天独厚的地理条件，塑造平静的沉思环境，
身处其中，可以让人欣赏到这里的全景景观。

室外空间被设计成室内空间的延伸。通过束缚着建筑的线条，以相
同的方式也束缚着植被、路面、水池和室外照明设施。花园分为几
个具有不同特征的区域。其中的每个区域都是独立的，但同属地中
海花园风格。在阳光充足的入口处，种植着一些橄榄树，其粗壮、

扭曲的树干，体现着个性且优雅的气质。山坡区域重现了典型的海边台地的样貌。种有松树、橘树和草本植物，由石墙包围，并连接到花园和地下室。设计的最终结果是在这所房子的每个房间或室外区域都可以看到大海。

室内设计由我们独立完成。路面由白色抛光混凝土铺砌，内外相连。所有木材都使用的是白色固雅木。浴室的大吊椅由天然石材制成。花瓶则由不同色调的抛光混凝土制成。两个游泳池都有一个铺有鹅卵石的休息区。

楼梯被设计成了一个雕塑，业主可通过半透明的玻璃台阶看到大海。这种设计手法还可以让自然光线到达地下室。在晚上，台阶就像地下室的照明灯。旁边扶手是一面倾斜的矮墙，使用了和建造建筑墙壁相同的做法。

起居室还发挥了一个独特的作用：其内 6 米高的玻璃角构成了观海的最佳地点。纵观整个建筑，从内到外，几乎每一个空间都可以观海、冥想。客厅的主要作用和特色，就是提供了一个可以观看最佳海景的玻璃角。一层划分出的每一单元空间内都有一间卧室。 卧室内，用玻璃角代替了墙壁做房间正面的做法，以提供更有趣的室外全景。每个房间都有一个类似于凸窗的小型玻璃阳台，由悬臂支撑，以增强观海的视觉效果。

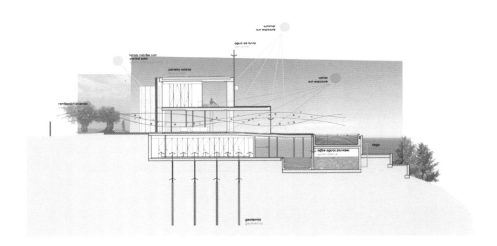

左：
玻璃楼梯
右：
从卧室可以看到通透
的海景

建筑轮廓围合出了有轮廓的海景

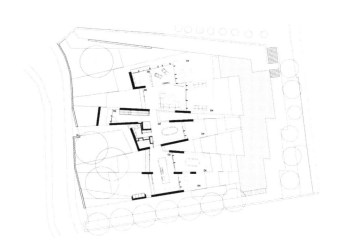

项目名称：Sardinera 住宅

项目地点：西班牙·阿里坎特

设计单位：Ramón Esteve 工作室

竣工时间：2014 年

建筑面积：1285 平方米

空间摄影：玛列拉·阿波罗尼奥（Mariela Apollonio）

4 在这个项目中遇到的最大困难是什么？做建筑师的经历对于做这个项目有什么帮助？

这一项目中最困难的是如何实现室内外空间的整体连贯性。不过我们最终借助白色的超细水泥路面解决了这一问题。住宅内的大部分家具都是我为这一项目专门设计的，并加入了一些与住宅其他空间的特质相统一的元素。例如，我们选择了几何造型鲜明的 Living Divani 品牌的家具和经典的 Eames 品牌的沙发床和搁脚凳；室外则摆放了 Vondom 品牌的家具。此外，我们还留出空间摆放大卫·罗德里格斯·卡瓦列尔（David Rodríguez Caballero）等艺术家的作品。

上：
住宅面海一侧
下：
白色超细水泥建立室内
外的连贯性

5. 您认为在做室内设计的时候，建筑师和室内设计师有什么区别或相似之处？

整个项目空间的设计理念只有一个，因此，室内空间和室外空间的设计方法没有任何不同。建筑师和室内设计师的区别在于他们所使用的参数和比例是不同的。室内空间是按照家具和屋内摆件等元素进行布局的，而室外空间则要根据其他参数进行设计的。

6. 您对即将进入室内设计领域的建筑师有什么建议？

我认为，不要试图将建筑设计的机制从字面上转化为室内设计，这一点非常重要，因为它们所用的参数全然不同。正如建筑师应当彻底地思考空间、材料或结构一样，室内设计师也应当意识到每一处细节的重要性——无论是多么小的细节——因为它们可以定义空间的特征。事实上，在从建筑师的角度来看项目时，室内设计的关键细节常常会被忽略。

7. 您觉得建筑和室内一体化设计是一种个别现象吗？

我并不认为这是个别现象，更确切地说应该是重新审视新空间后得出的必然结论。

ZOOCO ESTUDIO 工作室 /

米格尔·克雷斯波·皮科特、
哈维尔·古斯曼·贝尼托、
西斯托·马丁·马尔蒂内斯
（西班牙）

　　ZOOCO ESTUDIO 工作室是一家年轻的建筑公司，在 2008 年索托
德拉玛利娜（西班牙）的市民文化中心建筑大赛中获胜后，由米格尔·克
雷斯波·皮科特（Miguel Crespo Picot）、哈维尔·古斯曼·贝尼托
（Javier Guzmán Benito）和西斯托·马丁·马尔蒂内斯（Sixto Martín
Martínez）共同创办。公司设在马德里和桑坦德。工作室的设计理念是
从内部处置到大型结构建筑等方面入手开展项目。

就室内设计风格而言，它与我们思考如何利用整个空间和细节、饰面及所用材料有关。用语言呈现你的想象力，客户会为之沉迷，也会因为你的方案满足了他们的所有需求而欣喜。坚持自己喜欢做的，不要放弃。

1. 公司从什么时候开始做室内设计的？目前为止一共做了多少个？

从 2009 年起，我们便开始做室内设计项目，并一直将室内设计与建筑设计相结合。我们已经设计了近 100 个室内建筑项目。

2. 完成的第一个室内设计项目是哪一个？

我们的第一个室内设计项目是"Perimetro"，它是一个实验性住房项目。对我们来说，这是一次很好的机会，可以在住房领域进行尝试。

项目是一个开放空间，有着清晰简洁的几何结构，我们通过压缩和扩展空间周围的带宽，将其改造成住宅空间。每面墙都有自己的功能，在满足日常使用的需求的同时，可供人们来往停留。

我们开始做室内设计项目的原因与我们参加建筑大赛的原因是一样的，即抓住各种机会进行空间设计，无论空间的规模和状况如何。

3. 你们最喜欢的室内设计项目是哪一个？

一个全新的藏红花概念店。藏红花是一种细小轻盈、极其珍贵又非常传统的食材和药材。考虑到这些特点，我们结合店面的实际情况将它们反映到室内设计中。

照明系统和展示空间沿着店面的纵深分区域布置，地面空间因而显得十分干净整洁。红色的线性元素上悬挂着透明的盒子，里面装有灯具和展品。

整个店铺内充斥着光点和商品，它们仿佛悬浮于空中，反映出轻质、珍贵的理念。

周围环境唤起了人们对藏红花的传统认识。设计师运用色彩和材料来呼应盛产和烘炙藏红花的作坊。石头铺就的地面四周是粉刷成白色的墙体，墙体上开有小小的洞口，上方是用木头打造的天花板。

这些小小的洞口也可用作商品展示，我们还将这种设计语言应用到柜台设计中。

从外面看，立面完全是透明的，店铺的形象和别具一格的天花板设计吸引着来来往往的行人。

上左：
悬挂着的透明盒子里面
装着灯和展品
上右：
透明的立面
下：
粉刷过的墙壁上有小小
的洞口

4. 在这个项目中有没有遇到什么挑战？你们是怎么解决的？

当我们开始设计这个项目时，我们所面临的最大挑战是如何在狭小的空间内营造浓厚的氛围。有限的空间面积迫使我们凝练设计方案和设计中涉及的元素的定义。作为建筑师，对项目有一个清晰的概念有助于后续工作的展开，而且强而有力的概念也会帮助我们判断项目的本质是否会受到影响。

5. 你们认为在做室内设计的时候，建筑师和室内设计师最大的区别是什么？

对我们来说，最大的区别在于前面提到的概念，特别是表达的精确度和项目设计所用的元素类型。在我们的案例中，家具和装饰元素并不是首要的设计看点，而是起到衬托设计理念的作用。

6. 你们觉得对建筑师来说，如果想做室内设计是不是很困难？

一个想成为室内设计师的建筑师，首先要做的是遵循直觉，不要只是为了装饰，而是要思考如何利用空间。作为一个建筑师，在讨论随项目进展而出现的细节之前，一定要思考如何利用空间。在室内设计行业获得一席之地是非常困难的。就像在建筑领域一样，你必须以自己的风格脱颖而出。

7. 建筑师去做室内设计，会对室内设计行业有什么帮助？

阿尔瓦·阿尔托、勒·柯布西耶、阿道夫·卢斯等建筑师一直在做室内设计项目。早些时候，室内设计确实对建筑设计进行了很好的补充，如今它已发展成一门独立的学科。我们认为，室内设计领域在这种情形下获益颇多。

柜台是木制的，用不同
层次展示藏红花

项目名称：La Melguiza 概念零售店
项目地点：西班牙·马德里
设计单位：ZOOCO ESTUDIO 工作室
竣工时间：2016 年
建筑面积：32 平方米
空间摄影：Imagen Subliminal 摄影工作室

1. 展示架
2. 销售区
3. 立方体展示架
4. 方形 LED 灯

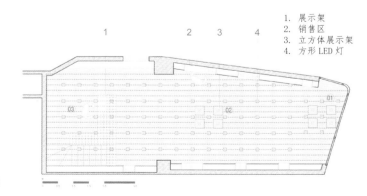

Smith Vigeant 建筑公司 /
丹尼尔·史密斯、斯蒂芬·维热昂（加拿大）

Smith Vigeant 建筑公司自 1992 年
来一直致力于建筑设计领域的工作。
公司位于加拿大蒙特利尔，设计的项
目遍布加拿大魁北克省，近期因参与
中国的一个木结构中心项目而走向
国际。公司的业务范围横跨诸多领
域——从公共机构到娱乐场所、从商
业项目到住宅项目。他们设计的每个
项目都独一无二，而且可以兼顾业主
和使用者的需求和愿景，因而从众多
建筑公司中脱颖而出。

室内设计在建筑实践中的进化

我们为使用者设计项目并不仅仅是基于设计层面，更多的是从幸福度出发，为使用者营造宁静祥和的环境。空间设计不仅要考虑材料选择的问题，还要考虑空间的依据性及能否应对时间带来的挑战，这样的设计才经得住时间的考验。

1. 公司从什么时候开始做室内设计的?

20 世纪 90 年代,我刚刚从建筑院校毕业,那段时期北美各家公司的处境都艰难。我们这样的年轻建筑师是找不到工作的,因为根本没有什么新的建造项目。

20 世纪 90 年代末期,信息技术公司的到来提供了特别的机会。对工业建筑的原材料和空地加以利用成为新的设计亮点。那段时期,我们接手的项目有 75% 是室内设计项目。

2. 你们完成的第一个室内设计项目是什么?

我们的第一个室内设计项目是将 23 个展馆改造成联邦政府的语言培训基地——Asticou 中心。这个项目对我们的室内设计、节能和可持续设计方式有着举足轻重的影响。

建筑师帕皮诺·格尔恩-拉茹瓦·勒布朗(Papineau Gerin-Lajoie Leblanc)于 1962 年设计了该项目,以此反映魁北克教育的新理念,包括创建旨在提高教学生产力、鼓励团队合作并激发学习兴趣的学校。

建筑设计常用的人体尺寸、设计与周边自然环境的和谐程度,以及优质材料的精心选择和组合,都被用来营造一种温暖、平衡、和谐的氛围。总的来说,这是一个令人印象深刻的建筑。

我们最引以为傲的是我们为客户带来的设计解决方案,方案保护并保留了展馆的重型木框架,使其不被与初始概念不一致的设计策略所掩盖。对于加拿大公共工程部门和我们来说,这是最早采用建筑垃圾回收政策的重大项目之一。

3. 你们最喜欢的室内设计项目是哪一个?

是 Ubisoft 公司的办公空间。Ubisoft 公司是电子游戏领域的主要参与者之一。公司因发展需要而成立的蒙特利尔办公室位于 Mile-End 中心的一栋改造后的工业建筑内。在项目启动时,我们便开始思考:如何设计一个可以提高人们生活品质和生产力的办公空间。所以最后我们提出了一种亲生物方法,创建了一个实验空间;一个以游戏进程、衔接和工作者的幸福指数为关注点的协作式中心空间。

在电子游戏的世界里,运动状态和流动性是根本。虚拟空间内的运动对于推动游戏的发展来说至关重要。"占据有利的位置,便可将目标隐藏起来"。在游戏的启发下,设计师对游戏进程的主题进行了探索,并将其转化为实体空间,形成了弯曲的彩色板条、灯光板条和光带,重点突出与非正式着陆空间交织在一起的循环通路的规划情况,以此在穿越空间时营造一种动态的体验。

弯曲的彩色板条

为了加强团队的合作和交流，我们需要对空间的流动性予以关注。楼梯是用薄钢板打造的，它不仅是一个连贯的特色区域，还与周围环境相互作用。楼梯盘旋而上，其周围的流通情况经常会造就出超现实主义的造型，并给人们留下深刻的印象。

上：
楼梯用薄钢板打造
下：
各个角落均以色彩和植物为标志

由于工作性质的问题，游戏开发人员一直沉浸在虚拟世界中。与此相反，办公空间运用色彩和植物刺激感官，引领他们回到现实世界。开放式楼层平面的各个角落均以色彩和植物为标志，为员工提供设计灵感。在打造多功能空间时，专注、协作、放松和娱乐之间的平衡状态是由员工自行把控的。对于大型技术团队来说，灵活性是必不可少的。员工的自主权被放在首要位置上，因而为他们配置了滚轮桌和下面装有滚轮的定制多功能单元。游戏开发人员的协作工具随处可见，编写界面也是无处不在。

宽敞的会议和休闲空间有助于大型公司内各群体之间的相互协作。例如，9楼的自助餐厅是围绕一个超大的公共餐桌布置的，鼓励员工聚会和交流。"香格里拉"大型活动室可以用来举办各种活动，例如新闻发布会、头脑风暴会议、团队建设研讨会等；这片区域还配有灵活的家具组合、长绒毛沙发和小厨房。色彩、图案和空间规划的精心组合创造了一个实用、欢乐的互动空间。

自助餐厅围绕着一个超大的公共餐桌

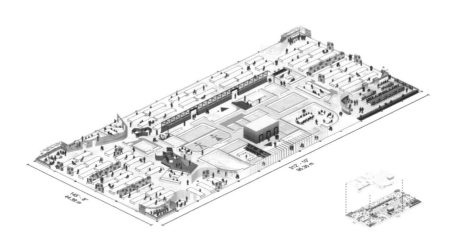

项目名称：蒙特利尔 Ubisoft 办公空间

项目地点：加拿大·蒙特利尔

设计单位：Smith Vigeant 建筑公司，Ubisoft in-house 室内设计团队

竣工时间：2016 年

建筑面积：5230 平方米

空间摄影：阿德里安·威廉姆斯（Adrien Williams）

4. 你们在这个项目中遇到的最大问题是什么？作为建筑师有什么经验可以提供？

设计上的问题并不是最大的困难。为了完成 Ubisoft 办公空间天桥的工程建设，我们不得不等待分区法规做出修改。在那 18 个多月里，我们倍感煎熬。

在这样一个项目中，另一个本质的问题是使团队成员关注项目的主要概念和主要意图，特别是在需要平衡预算要求和时间限制的情况下。

在与 Ubisoft 公司就设计委托进行过两次探讨之后，我们取得了他们的信任，而且也对他们的设计方法和文化有了更好的了解。

这一次，我们作为合作单位与 Ubisoft 公司设计团队共同参与了整个项目设计，这对他们来说是一种全新的体验。我们非常重视建筑师与 Ubisoft 公司设计师之间的合作，在确保没有专业上的冲突的基础上，双方提供了一个相互学习的机会。在此之前，我们已经为业主工作了四年，在编码要求、成本效益解决方案和施工时间表方面获得很多经验，这也有助于我们解决施工时间问题，从而有助于降低因施工进度加快和预算问题而忽视了项目设计的风险。

5. 你们认为建筑设计和室内设计有什么区别或相似之处？

如今，建筑设计与室内设计之间的差异比我们最初从事设计工作的时候要小很多。在相似方面，我们认为客户的需求更加复杂，因此要有更加开阔的思维，在这种情况下，设计师和建筑师要降低对设计方法的依赖程度。如今，室内设计师不再被视为简单的商业、办公项目的装饰者。

建筑师接受的训练不同于室内设计师，特别是在如何处理一个项目的方式上，从宏观层面（城市设计、景观设计）到微观层面（建筑细部和家具）都是没有限制的。

我们的实践始终以人为中心。我们希望设计一个由内而外而不是由外而内运作的空间。耐用程度是建筑设计的精髓所在，可持续性问题仍然至关重要。但是在多年以后，建筑师发现项目经受住了时间的考验，他们定会为此感到自豪。

6. 建筑和室内的整体设计有哪些好处?

在开始一个项目时，出色的建筑师会采用整体设计的方法。在实践过程中，我们提倡项目各参与方协同合作，这样才能达成客户的目标，获得良好的设计效果。整体设计方法的好处在于对可能给项目带来影响的外力有一个完整、广泛的理解。对于室内设计来说，"幸福"的概念如今已经成为我们探讨如何将生活方式、工作方式及让我们健康、快乐生活的一切汇聚在一个项目中不可或缺的一部分，它关乎我们的身心状态和总体幸福感。

完成项目的建筑设计工作并参与室内设计工作的建筑师可以成为室内设计师，反之则不成立。

同样地，建筑师也会绘制施工图，施工图可以反映各种细节设计，足以展现建筑师对客户的负责程度。

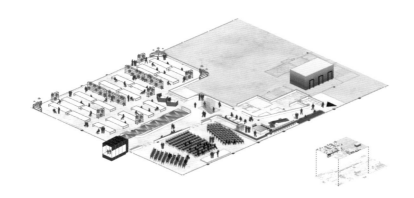

上：
员工的工作区配置了滚轮桌
下左：
灵活的家具组合
下右：
彩色楼梯

7. 建筑师与客户的沟通有什么独到之处？

沟通是核心，要向客户表明自己一定会满足他们的需求。而且，一个项目的客户可能有多个，了解客户的需求和愿望其实也是在思考应对客户提出的挑战的办法。如果可能的话，可以把客户带到一个他未曾预想到的场所。建筑师需要与客户建立某种密切的关系，以促成长久的专业合作关系。

根据我的经验，客户可以提出诉求，然后由你来帮助他们达成目标。你的快速应变能力会使客户认为你是他们可以信赖的人。

在设计方面，我们运用图纸表达正确的信息，这一点对于获得我们想要的最终效果来说至关重要。

很多专业人士的第一手经验可以教会我们如何指定产品、避免某些错误。为此，有追求的室内设计师需要参观正在建造和装配物品的商店，了解它们使用的工具和软件，了解技术和工艺的所有可能性。在一次参观钢厂并与艺术家探讨如何在室内设计中使用这种材料的经历中，我学到了很多东西。

8. 你们怎样看待建筑师去做室内设计这样的现象？

我并不认为这是一个新现象。多年以来，所有出色的建筑设计工作都是由建筑师完成的，他们从未将室内设计与建筑设计拆分开来。建筑师可以完成从建筑造型到结构的设计，并一道完成室内设计、门把手等细节的家具设计，这一点不得不令人佩服。这也并非无法实现，只是如今，项目为我们提供了这样一个特殊的机会。

Tsou Arquitectos 事务所 /

蒂亚戈·圣·西芒·朱（葡萄牙）

　　Tsou Arquitectos 事务所是一家位于葡萄牙的建筑事务所。主张以可行的方式设计并以负责的方式建造有意义的、关注场所本质的建筑。创建反映场所特质的空间，根据建筑的施工过程和材料特点，使设计和施工原则适用于预定情况。谨慎、合理地使用材料，确保以可持续的方式提高施工的效率和适切性。

　　最好的想法来源于对项目的剖析，因此，要避免将其他项目中的良好结构用到当前的项目中，这些结构可能并不适用于当前的项目。通常情况下，适用于某一项目的最佳对策可能是富有创造性的。

1. 公司是从什么时候开始做室内设计的？做的第一个室内设计项目是什么？

经过多年与其他建筑事务所的合作探索之后，我们从 2010 年开始进行大规模室内设计项目的实践。设计的品质和投入的热情远比完成项目的数量重要得多。

我们最早的室内设计项目可以追溯到 2001 年，那是一个对两栋相邻的房屋进行翻修改造的项目。业主向我们提出对房屋内部进行设计的委托，多数时候，他们希望委托同一个事务所完成全套设计工作，这样可以获得一个拥有完整概念和视觉效果的项目。在进行第一个室内设计项目时，我们主要关注的是如何保持现有的空间感受，对走廊和回廊进行改造。我们引入了一种全新的材料——木材，护墙板、门和橱柜均是用木材打造的。

在早期项目中，我们时常会曲解客户的想法和理念。由于缺乏实践经验，我们并不太相信自己的想法，我们的设计理念有时并不适应施工现场的实际情况。在选择最佳途径时，经验会帮助你做出更好的判断。

2. 目前为止，您最喜欢的室内项目是哪一个？

是一家名叫 Queir ó s 的眼镜店。这家眼镜店希望通过店面翻新来优化功能分区和室内循环。前台和配镜室设计在空间一侧。局部的天花板吊顶很好地突出了镜框展示空间和个性化预约台。验光室藏在弧形墙的后面。镜框展示架遵循了店面设计的原则——它们不仅具有对内对外的展示功能，还可以起到遮阳板的作用。所有功能元素均遵循全局设计，为眼镜店营造统一的店面形象。我们力求通过设计满足业主的需求。因此，从桌椅到照明，所有设施均是从零做起的。

眼镜店室内空间

1. 入口
2. 前台
3. 座位区
4. 镜框展示区
5. 零售区
6. 高档镜框展示区
7. 配镜室
8. 技术室

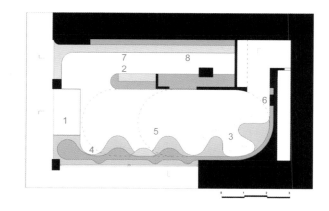

项目名称：Queirós眼镜店

项目地点：葡萄牙·波瓦迪拉尼奥苏

设计单位：Tsou Arquitectos 事务所

竣工时间：2016 年

建筑面积：54 平方米

空间摄影：若昂·马塞多（João Macedo）

3. 在做这个项目中遇到最大的困难是什么?

我们的主要目标是赋予架构以意义,使其满足客户的诉求。对于这个眼镜店翻新项目,我们所面临的最大挑战是改变客户的思维模式,使其接受新的功能布局。因为新的功能布局更加清晰,而且是以顾客为导向的。

4. 您做为建筑师,做室内设计时有什么特别的入手点?

作为建筑师,我们运用实用、系统化的方法考虑客户的诉求。我们会对需要进行讨论的数据进行研究。在 Queirós 眼镜店这个项目中,镜框展示架就是一个很好的例子。

我们为客户打造了一个拥有完整概念和视觉效果的项目,从整体上改善空间体验。因此,所有准备任务都是在施工开始之前完成的,这样便可以更好地控制成本和完工时间。

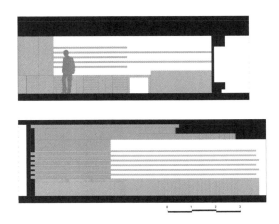

左：
镜框展示架还可以起
到遮阳板的作用
右：
弧形的展示柜

5. 您有什么经验可以分享给即将进入室内设计领域的建筑师？

> 每个项目的设计过程都是不同的，因此，特定的方法可能不适用于
> 其他案例。

> 我们会听取客户的诉求和观点，并让他们参与到决策环节中。我们
> 设法理解他们的想法，并将其转化成形态和体量。

6. 您如何看待建筑师做室内设计这种现象？

> 建筑师需要运用更为实用的方法进行设计，或许还需要有更加开阔
> 的观念和环境意识，但最终是你的个人能力使项目变得与众不同。

Bijl Architecture 事务所 /

梅隆尼·贝尔－史密斯（澳大利亚）

Bijl Architecture 事务所是澳大利亚悉尼的一家敢于挑战现状的建筑公司，创立于 2012 年，由总监梅隆尼·贝尔－史密斯（Melonie Bayl-Smith）领导。她建立了致力于追求有意义并具有包容性的客户关系以及研究和卓越设计的机构。她的职业生涯始于住宅设计，如今她的贡献已经延伸到了公共和教育建筑领域——这是她对高效建筑不断探索和追求的结果。Bijl Architecture 事务所的设计工作是以这样一种信念为指引的，即建筑必须增加舒适性并促进彼此、自身及与后世的联系，将实践的精力和决心放到与客户一同追求这些目标的日常工作中。

室内设计项目的实际管理问题可能与建筑设计项目的要求有很大不同——具体的室内设计项目需要仔细考虑成本、供应链、交工时间、采购和可用性要求，以避免工程延误和场地冲突情况。例如，精细化的室内设计取决于家具、装饰元素和表面所用的材料。了解应用整合所需的思维和设计技能会呈现出全然不同的景象，室内设计师只需进行墙面处理，这些通常不是建筑师职责范围内的工作。

1. 您的公司一直在做室内设计项目吗？

我们一直参与项目的室内设计工作，可以追溯到十七八年前的早期项目。从我们开始参与室内设计工作以来，我们已经设计了近 40 个项目。

2. 您完成的第一个室内设计项目是什么？

我们的第一个项目是建于 2006 年的中立湾之家，我们为这个项目制定了全面的室内设计方案，其中包括家具、艺术品和软装家具。我们的客户是一个对自己喜欢的室内设计类型有着坚定想法的人，所有设计都是在她的精心选择下进行的。她喜欢收藏家具和艺术品，并希望将它们融入到室内设计中。因此，精心策划并在趣味与平和之间寻求平衡对于创建和明晰室内空间结构来说是十分必要的。

对我们来说，室内设计的出发点是要妥善完成项目——我们对建筑的兴趣并不仅限于建筑外部。在中立湾之家项目中，让我引以为傲的是，我们能够在保留维多利亚时代意大利风格住宅的雅致个性和基本功能的前提下，打造出现代的休闲空间。

3. 目前为止，您最喜欢的项目是哪一个？

我们在 2017 年完成的住宅。Doorizen 住宅以打破常规、摒弃建筑类型学对于小型住宅进行定义，在极具挑战的情况下，开创了先例。我们通过多层次感官设计，将对于私密性的追求与既定规划之间的紧张关系和实与虚联系起来，使其相互作用。客户的诉求似乎与现实情况相矛盾，难以实现——打造一栋"继往开来"的住宅，还要能同时体验相互联系而又独立的生活空间。

为了解决这些难题，我们采用了类似古希腊两面神一样的构造，将住宅传统的外部构造框架后移，形成了一种新的建筑类型。

为了满足业主对楼面和周边环境的开放性和连通性的要求，我们摒弃了现有的平面布局，将混合型生活空间与广阔的悉尼港和周围景观结合起来。每个房间都可以欣赏到不同的景色，通过合理使用材料配色和分层照明来维持一种亲切、温暖的感觉。为了了解"相互联系而又独立"的这种矛盾关系，我们摸索出了一种可以利用场地本身狭窄又陡峭的视觉框架。我们将垂直和水平视野全部打开，利用建材体现虚实变化，以增添活力、丰富视野。

玻璃元素被用于天窗、地板、高光板和栏杆，以此传导光线、扩展视野。透视角落消除了预期的障碍，转换任意角落都可以获得不同的视角，在柔和的自然光线下不断变换。较低楼层的走廊充分利用了天窗的自然光线，并可欣赏到12米高的山脊线，营造出富有戏剧性的空间感。结实的元素清晰地展现了原始砖砌的纹理、光滑的白色墙壁、钢制横梁的韵律感，以及将厨房和生活空间从休息区划分出来的暗色细木"半岛"完美地结合起来。

4. 在这个项目中，您面临最大的挑战是什么？

在 Doorzien 住宅项目中，我们所面临的巨大挑战是如何实现业主的愿望——将楼上和楼下空间联系起来。我们需要一个强有力的内饰材料方案，其核心是保留住宅的传统结构，同时使光线透过建筑表皮照进住宅内部。我们在处理老建筑和将新结构嵌入原有住宅的创新方法上有着丰富的经验，这无疑会给我们的室内设计工作带来帮助。

Doorzien 住宅位于基利比里保护区，周围随处可见维多利亚时代的露台和庄园，不远处便是联邦总理府和联邦总督府。在陡峭的砂岩山脊上，Doorzien 住宅俯瞰着柯文湾、中立港和库拉巴角。当地委员会要求住宅的"两面"都要考虑并结合当地的历史传统。

为了突出 Doorzien 住宅的街景，我们保留了建筑的传统"表皮"，拆除了先前的改建结构，并通过材料、色彩和景观恢复街区原貌。博采众长的后方"街景"为我们提供了一个创造传统叙述的机会。我们的方案是增建镀锌结构，以此反映基利比里的海军工业历史。

黑色橱柜和白色水槽台相得益彰

项目名称：Doorzien 住宅
项目地点：澳大利亚·悉尼
设计单位：Bijl Architecture 事务所
竣工时间：2017 年
建筑面积：214 平方米
空间摄影：阿德里安·威廉姆斯（Katherine Lu）

其他关键性挑战包括昏暗的长廊、糟糕的翻修结构、通风不良的内置浴室、喧宾夺主的厨房和糟糕的底层地板铺装（久而久之，也因潮湿而变得破烂不堪）。

入口处

5. 您认为在做室内设计的时候，建筑师和室内设计师有什么区别或相似之处？

我认为，建筑师和室内设计师都会关注空间的品质、建筑内及其周围任何特定空间或房间的形式和功能，以及如何通过材料、颜色和纹理处理和捕捉光线。对于建筑师来说，建筑在概念上通常横跨设计的所有尺度和方面——从门把手到繁忙都市里的建筑个性。然而，对于室内设计师来说，更为常见的情况是建筑设计已经完成，室内设计必须与预先存在的条件或美学思想相结合。有些人可能认为这是一个制约因素，但我认为设计师会从中获益——参考已有的美学思想或概念，并由此萌生新的想法。

在我看来，这些项目的室内设计可以起到衬托建筑设计的作用。住宅外部所用的材料和美学语言可以变得更加复杂而有层次。即便是在我们的商业、教育和市政项目中，我们也能看到，室内设计在延续建筑设计的语言和空间方面发挥着重要的作用－+++。

很多建筑师不仅精通空间操纵，还擅长运用材料、光线和颜色。他们会花费时间和精力完善室内设计中的细节，包括定制家具和配件，特别是考虑到客户希望了解全面详细的设计流程并获得出色效果的想法，这一点不足为奇。

6. 您认为对想要做室内设计的建筑师来说，需要学习哪些知识？

希望展现室内设计影响力的建筑师需要投入时间，让自己了解更多的材料、饰面、家具、装配、制造、设计趋势、建造和安装过程。需要学习的太多了，因为他们在关注程度和细节方面可能存在很大的差异，特别是在融入现有建筑元素和服务这一环节中。了解室内设计的历史也很重要，室内设计的历史虽然与建筑设计的历史有诸多相似之处，但往往存在很多分歧，而且错综复杂，却也正是它们为室内设计项目带来丰富性和深度。

1. 停车场　　9. 餐厅
2. 门廊　　　10. 阳台
3. 衣帽间　　11. 影音室
4. 卧室 1　　12. 书房
5. 浴室　　　13. 艺术品收藏室
6. 卫生间　　14. 卧室 2
7. 厨房　　　15. 卧室 3
8. 客厅　　　16. 地下储藏室